中国海洋能技术进展

2017

国家海洋技术中心　编著

海洋出版社

2017年·北京

图书在版编目(CIP)数据

中国海洋能技术进展. 2017 / 国家海洋技术中心编著. —北京 :
海洋出版社, 2017. 12

ISBN 978-7-5027-9993-9

Ⅰ. ①中… Ⅱ. ①国… Ⅲ. ①海洋动力资源-研究进展-中国-
2017 Ⅳ. ①P743

中国版本图书馆 CIP 数据核字(2017)第 308294 号

责任编辑: 郑跟娣 钱晓彬

责任印制: 赵麟苏

海洋出版社 出版发行

http://www.oceanpress.com.cn

北京市海淀区大慧寺路 8 号 邮编: 100081

北京朝阳印刷厂有限责任公司印刷 新华书店经销

2017 年 12 月第 1 版 2017 年 12 月北京第 1 次印刷

开本: 787 mm×1092 mm 1/16 印张: 7.5

字数: 125 千字 定价: 58.00 元

发行部: 62132549 邮购部: 68038093 总编室: 62114335

编写委员会

主　编：王海峰

编　委：麻常雷　王项南　杨　立　汪小勇

徐　伟　李　彦　赵宇梅

统　稿：王海峰　麻常雷

编者说明
Bianzhe Shuoming

随着“建设海洋强国”战略和“21 世纪海上丝绸之路”倡议的深入推进，我国海洋可再生能源发展迎来新的战略机遇。根据国家海洋局发布的《海洋可再生能源发展“十三五”规划》的要求，“十三五”期间，我国将坚持自主创新，以显著提高海洋能装备技术成熟度为主线，着力推进海洋能工程化应用，夯实海洋能发展基础，实现海洋能装备从“能发电”向“稳定发电”的重要转变，务求在海上开发活动电能保障方面取得实效，加速我国海洋能商业化进程。

为及时总结我国海洋能技术进展，分析国际海洋能发展趋势，为海洋能技术管理提供支撑，国家海洋技术中心在海洋能专项资金项目——海洋能综合支撑服务平台建设（2017 年）的支持下，组织人员跟踪研究国内外海洋能发展现状和趋势，特别是对最近一年以来我国海洋能技术的进展和成果进行了较为系统的梳理和总结，将上述研究成果编辑成《中国海洋能技术进展 2017》。本书所引用的资料和数据时间截至 2017 年 5 月。

本书共分为发展政策、技术进展、公共支撑服务体系建设、国际合作、重大海洋能活动 5 章及附录——OES 2016 年进展综述。

本书主要编写人员包括：麻常雷、王海峰、李彦、王项南、杨立、邱泓铭、汪小勇、徐伟、王鑫、赵宇梅、王萌、刘玉新、张多、高艳波、倪娜、王冀、陈利博、唐久婷、王芳、石建军、李志、马越、赵媛，刘伟对书稿进行了审校。

在本书编写过程中，得到了国家海洋技术中心彭伟副主任的大力支持以及中心战略室、业务处、能源室、质检室、工程中心等部门的积极配合。海洋能专项资金项目承担单位也提供了重要的资料，在此一并表示感谢。

鉴于海洋能工作涉及范围广，专业领域多，书中难免有不足之处，热忱欢迎读者提出批评和指正。

国家海洋技术中心

编写组

2017 年 6 月

目 录 MuLu

第一章 发展政策

2016年至今，国务院及国家相关部委发布了一系列重要的战略规划，为推动海洋可再生能源的持续发展营造了积极的政策环境。《海洋可再生能源发展“十三五”规划》《可再生能源发展“十三五”规划》《“十三五”国家科技创新规划》《“十三五”国家战略性新兴产业发展规划》等一系列国家战略规划的出台，必将极大推动我国海洋能技术沿着自主创新的发展路径快速向前推进。“绿证”等创新发展机制的提出，则为海洋能产业的发展提供了稳定的市场预期。

第一节 战略规划

2016年是我国“十三五”规划的开局之年，国务院及国家海洋局、国家发展改革委、国家能源局等相关部门相继制定并发布了多个涉及海洋能发展的战略规划。

一、《海洋可再生能源发展“十三五”规划》

2016年12月30日，为提高海洋能开发利用能力，推进海洋能技术产业化，拓展蓝色经济空间，国家海洋局发布了《海洋可再生能源发展“十三五”规划》(以下简称《海洋能规划》)，以显著提高海洋能装备技术成熟度为主线，着力推进海洋能工程化应用，夯实海洋能发展基础，实现海洋能装备从“能发电”向“稳定发电”转变，务求在海上开发活动电能保障方面取得实效。

《海洋能规划》共分为“发展现状与形势需求”“指导思想和主要目标”“重点任务”“强化规划实施保障”四章，对我国海洋潮汐能、潮流能、波浪能、温差能、盐差能、生物质能和海岛可再生能源等2020年前的发展提供了指导。

《海洋能规划》提出了我国海洋能发展的主要目标："到 2020 年，海洋能开发利用水平显著提升，科技创新能力大幅提高，核心技术装备实现稳定发电，形成一批高效、稳定、可靠的技术装备产品，工程化应用初具规模，一批骨干企业逐步壮大，产业链条基本形成，标准体系初步建立，适时建设国家海洋能试验场，建设兆瓦级潮流能并网示范基地及 500 千瓦级波浪能示范基地，启动万千瓦级潮汐能示范工程建设，全国海洋能总装机规模超过 50 000 千瓦，建设 5 个以上海岛海洋能与风能、太阳能等可再生能源多能互补独立电力系统，拓展海洋能应用领域，扩大各类海洋能装置生产规模，海洋能开发利用水平步入国际先进行列。"

为此，《海洋能规划》部署了"推进海洋能工程化应用、积极利用海岛可再生能源、实施海洋能科技创新发展、夯实海洋能发展基础、加强海洋能开放合作发展"五大重点任务。

在"推进海洋能工程化应用"任务中，通过"万千瓦级潮汐能示范工程建设，浙江舟山潮流能并网示范基地建设，广东万山波浪能示范基地建设"三大重点示范工程，实现"十三五"时期潮汐能总装机规模突破 30 000 千瓦，潮流能总装机规模突破 10 000 千瓦，波浪能总装机规模突破 1 000 千瓦，生产及应用各类海洋能装置突破 1 000 台套的具体目标。

在"积极利用海岛可再生能源"任务中，《海洋能规划》提出了开展"海岛可再生能源多能互补示范工程"，将"建设 5 个以上海岛可再生能源多能互补独立微网系统示范工程，具备为海岛提供持续、稳定电力的能力"。

在"实施海洋能科技创新发展" 任务中，《海洋能规划》提出了"'十三五'海洋能技术发展重点"，针对"单机 500 千瓦潮流能机组、单机 100 千瓦波浪能发电装置、50 千瓦温差能综合利用技术"提出了具体发展要求。

二、《可再生能源发展"十三五"规划》

2016 年 12 月，国家发展改革委发布了《可再生能源发展"十三五"

规划》(以下简称《可再生能源规划》)，明确了2016—2020年我国可再生能源发展的指导思想、基本原则、发展目标、主要任务、优化资源配置、创新发展方式、完善产业体系及保障措施。

《可再生能源规划》列出了8项主要任务，包括“推进海洋能发电技术示范应用”。明确提出了“结合我国海洋能资源分布及地方区位优势，妥善协调海岸和海岛资源开发利用方案，因地制宜开展海洋能开发利用，使我国海洋能技术和产业迈向国际领先水平”。“完善海洋能开发利用公共支撑服务平台建设，初步建成山东、浙江、广东、海南等四大重点区域的海洋能示范基地。加强海洋能综合利用技术研发，重点支持百千瓦级波浪能、兆瓦级潮流能示范工程建设，开展小型化、模块化海洋能的能源供给系统研发，争取突破高效转换、高效储能、高可靠设计等瓶颈，形成若干个具备推广应用价值的海洋能综合利用装备产品。开展海岛(礁)海洋能独立电力系统示范工程建设；在浙江、福建等地区启动万千瓦级潮汐能电站建设，为规模化开发海洋能资源奠定基础。”

三、《“十三五”海洋领域科技创新专项规划》

2016年5月8日，为进一步建设完善国家海洋科技创新体系，提升我国海洋科技创新能力，显著增强科技创新对提高海洋产业发展的支撑作用，科技部、国土资源部、国家海洋局联合发布了《“十三五”海洋领域科技创新专项规划》(以下简称《海洋创新规划》)，明确了“十三五”期间我国海洋领域科技创新的发展思路、发展目标、重点技术发展方向、重点任务和保障措施。

《海洋创新规划》在发展目标中提出：“开展海洋资源开发与利用研究，形成1 500米到3 000米深水油气资源自主开发能力；研制精确勘探和钻采试验技术与装备，形成海底天然气水合物开采试验能力；完成1 000米海深集矿、输送等技术海上试验；一体化布局海洋生物资源开发利用重点任务创新链，保障我国食品安全，培育与壮大我国海洋生物战略性新兴产业；研发海水淡化资源开发利用关键技术和装备，构建海水淡化利用的技术标准体系；研发海洋能技术与装备，实现海洋能海岛应用示范”。

在重点任务“深水能源和矿产资源勘探与开发”中，《海洋创新规划》提出“开展海洋油气工程新概念、新技术研究，开发深水油气勘探核心技术和工程装备，结合‘大型油气田及煤层气开发’重大专项，形成 1 500 米到 3 000 米深水油气资源自主开发能力；开展海洋天然气水合物成藏、成矿机理以及安全开采等基础问题研究，开发精确勘探和钻采试验技术与装备，形成海底天然气水合物开采试验能力；开展大洋矿产成矿机理与分布规律等科学问题研究，开发高效勘探核心技术研究及深海采矿系统设计，研制集矿与输送装备，完成 1 000 米海深集矿、输送等技术海上试验；深海能源、矿产资源勘探开发共性关键技术研发及应用；研发海水淡化与综合利用、海洋能开发利用关键技术和装备，在沿海城市和海岛开展应用示范”。

四、《“十三五”国家科技创新规划》

2016 年 7 月 28 日，国务院正式发布了《“十三五”国家科技创新规划》(以下简称《创新规划》)，明确了“十三五”时期我国科技创新的总体思路、发展目标、主要任务和重大举措，是我国迈进创新型国家行列的行动指南。

在《创新规划》的第五章“构建具有国际竞争力的现代产业技术体系”中，部署了“发展高效安全生态的现代农业技术”“发展新一代信息技术”“发展智能绿色服务制造技术”“发展新材料技术”“发展清洁高效能源技术”“发展现代交通技术与装备”“发展先进高效生物技术”“发展现代食品制造技术”“发展支撑商业模式创新的现代服务技术”“发展引领产业变革的颠覆性技术”十大产业技术体系。在“发展清洁高效能源技术”中，《创新规划》提出“开展太阳能光伏、太阳能热利用、风能、生物质能、地热能、海洋能、氢能、可再生能源综合利用等技术方向的系统、部件、装备、材料和平台的研究”。

在《创新规划》的第七章“发展保障国家安全和战略利益的技术体系”中，部署了“发展海洋资源高效开发、利用和保护技术”“发展空天探测、开发和利用技术”“发展深地极地关键核心技术”“发展维护国家安全和支撑反恐的关键技术”四大安全保障技术体系。在“发展海洋资源高效开发、利用和保护技术”中，《创新规划》提出“开展全球海洋变化、深渊海洋科学等基础科学研究，突破深海运载作业、海洋环境监测、海洋油气资源开发、海洋生物资源开发、海水淡化与综合利用、海洋能开发利用、海上核动力平台等关键核心技术。通过创新链设计和一体化组织实施，为深入认知海洋、合理开发海洋、科学管理海洋提供有力的科技支撑。加强海洋科技创新平台建设，培育一批自主海洋仪器设备企业和知名品牌，显著提升海洋产业和沿海经济可持续发展能力”。

五、《“十三五”国家战略性新兴产业发展规划》

2016年11月29日，国务院印发了《“十三五”国家战略性新兴产业发展规划》(以下简称《战新产业规划》)，把战略性新兴产业摆在经济社会发展更加突出的位置，大力构建现代产业新体系，推动经济社会持续健康发展。

《战新产业规划》立足发展需要和产业基础，大幅提升产业科技含量，加快发展壮大网络经济、高端制造、生物经济、绿色低碳和数字创意五大领域，实现向创新经济的跨越。

在绿色低碳领域，《战新产业规划》部署了“推动新能源汽车、新能源和节能环保产业快速壮大，构建可持续发展新模式”，提出了“实现新能源汽车规模应用，推动新能源产业发展，大力发展高效节能产业，加快发展先进环保产业，深入推进资源循环利用”五个战略性新兴产业方向。《战新产业规划》提出了“到2020年，核电、风电、太阳能、生物质能等占能源消费总量比重达到8%以上，产业产值规模超过1.5万亿元，打造世界领先的新能源产业”目标。

《战新产业规划》强调：积极推动多种形式的新能源综合利用。突破风光互补、先进燃料电池、高效储能与海洋能发电等新能源电力技术瓶颈，加快发展生物质供气供热、生物质与燃煤耦合发电、地热能供热、空气能供热、生物液体燃料、海洋能供热制冷等，开展生物天然气多领域应用和区域示范，推进新能源多产品联产联供技术产业化。

加速发展融合储能与微网应用的分布式能源，大力推动多能互补集成优化示范工程建设。建立健全新能源综合开发利用的技术创新、基础设施、运营模式及政策支撑体系。

《战新产业规划》还提出了“新能源高比例发展工程”，选择适宜区域开展分布式光电、分散式风电、生物质能供气供热、地热能、海洋能等多能互补的新能源综合开发，融合应用大容量储能、微网技术，构建分布式能源综合利用系统，引领能源供应方式变革。

六、《能源技术创新“十三五”规划》

2016 年 12 月，国家能源局发布了《能源技术创新“十三五”规划》(以下简称《能源创新规划》)，按照应用推广一批、示范试验一批、集中攻关一批的要求，针对能源技术创新中亟需突破的前沿技术规划了重点任务。

在《能源创新规划》第三章“重点任务”的任务二“新能源电力系统技术”中，海洋能被列入 15 个示范试验项目之一——“海洋能利用关键技术及示范工程”，在 2020 年之前，研究波浪能利用关键部件设计制造技术、海上生存能力技术，研究高转换率波浪能发电技术，研发波浪能发电装置，开展百千瓦级波浪能发电示范工程建设。推进潮汐电站方案设计及优化、万千瓦级低水头大流量水轮发电机组设计与制造、潮汐能环境影响评价及预测、电站运行控制等关键技术研究，开展万千瓦级潮汐能发电试验示范工程建设。研发适合潮流资源特点的高效率叶轮，突破发电机组水下密封、低流速启动、模块设计与制造等关键技术，研发兆瓦级潮流能发电装置，开展兆瓦级潮流能发电示范工程建设。研究温(盐)差能发电热力循环技术，研制温(盐)差能实际海况试验样机。

七、《能源发展“十三五”规划》

2016 年 12 月，国家发展改革委、国家能源局正式印发了《能源发展“十三五”规划》(以下简称《能源规划》)，作为“十三五”时期我国能源发展的总体蓝图和行动纲领，《能源规划》明确提出了我国能源发展的主要目标、重点任务和政策措施。

在《能源规划》第三章“主要任务”的任务一“高效智能，着力优化能源系统”中，提出了能源系统优化五大重点工程，其中“终端一体化集成供能工程”提出“在新增用能区域加强终端供能系统统筹规划和一体化建设，因地制宜实施传统能源与风能、太阳能、地热能、生物质能、海洋能等能源的协同开发利用，统筹规划电力、燃气、热力、供冷、供水管廊等基础设施，建设终端一体化集成供能系统”。

在《能源规划》第三章“主要任务”的任务三“多元发展，推动能源供给革命”中，提出了“推进非化石能源可持续发展，因地制宜发展生物质能、地热能、海洋能等新能源，加快地热能、海洋能综合开发利用”。

在《能源规划》第三章“主要任务”的任务四“创新驱动，推动能源技术革命”中，“大型超大型海上风电、海岛微网、海洋潮汐发电”被列入重大示范工程。

八、《能源生产和消费革命战略(2016—2030)》

2016 年 12 月，为增强能源安全保障能力、提升经济发展质量和效益、增加基本公共服务供给、积极主动应对全球气候变化、全面推进生态文明建设，国家发展改革委、国家能源局制定并印发了《能源生产和消费革命战略(2016—2030)》(以下简称《能源战略 2030》)。

在《能源战略 2030》第四章“推动能源供给革命，构建清洁低碳新体系”中，提出了“实现增量需求主要依靠清洁能源，开展海洋能等其他可再生能源利用的示范推广”，“优化能源生产布局，东部地区，充分利用国内外天然气，发展核电、分布式可再生能源和海上风电，稳步推进海洋能开发利用”。

在《能源战略 2030》第五章“推动能源技术革命，抢占科技发展制高点”中，提出了“推广应用清洁低碳能源开发利用技术，研发应用新一代海洋能、先进生物质能利用技术”。

在《能源战略 2030》第九章“实施重大战略行动，推进重点领域率先突破”中，提出了“非化石能源跨越发展行动，开展海洋能示范项目建设”，“‘一带一路’能源合作行动，联合开发水能、光伏、风能、生物质能、地热能、海洋能等资源，打造清洁能源合作样板”。

九、《电力发展“十三五”规划(2016—2020年)》

2016年12月，根据《中华人民共和国国民经济和社会发展第十三个五年规划纲要》和《能源发展“十三五”规划》，国家发展改革委、国家能源局制定并印发了《电力发展“十三五”规划(2016—2020年)》(以下简称《电力规划》)，作为“十三五”电力发展的行动纲领和编制相关专项规划的指导文件、布局重大电力项目的依据。

在《电力规划》第三章“重点任务”的任务三“鼓励多元化能源利用，因地制宜试点示范”中，提出“开展海洋能等综合技术集成应用示范。在有条件的沿海地区建设海洋能与风电、太阳能等可再生能源互补的海岛微电网示范项目。积极开展示范性潮汐电站建设”。

十、《全国海洋经济发展“十三五”规划》

2017年5月，国家发展改革委和国家海洋局联合发布了《全国海洋经济发展“十三五”规划》(以下简称《海洋经济规划》)，以推进我国“十三五”时期海洋经济持续健康发展。

《海洋经济规划》在“优化海洋经济发展布局”主要任务中提出：“优化我国北部、东部和南部三个海洋经济圈布局”，在北部海洋经济圈的山东半岛沿岸及海域“加速推进海洋装备自主化、高端化、智能化、集成化发展。持续壮大海洋药物与生物制品、海洋新能源、海水利用等海洋新兴产业规模，打造全国重要的海洋高新技术产业基地。推进青岛蓝谷建设，推进威海国家浅海综合试验场建设。推进海洋能深水网箱养殖综合利用”。

《海洋经济规划》在“推进海洋产业优化升级”主要任务中提出：“推进海洋传统产业转型升级，促进海洋新兴产业加快发展，提高海洋服务业规模和水平，促进海洋产业集群发展，提升海洋产业标准化水平，增强海洋产业国际竞争力”。在培育壮大海洋新兴产业中提出“因地制宜、合理布局海上风电产业，鼓励在深远海建设离岸式海上风电场，调整风电并网政策，健全海上风电产业技术标准体系和用海标准。加快海洋能开发应用示范，突破工程设计等瓶颈，建设2~3个兆瓦级潮流能、百千瓦级波浪能和1个50千瓦级海洋温差能示范工程。建设海岛多能互补示范工程。重点加强山东海洋能试验区、浙江潮流能潮汐能示范区、广东潮流能波浪能示范区、南海海洋能综合利用示范基地等示范电站建设”。

《海洋经济规划》在“加快海洋经济合作发展”主要任务中提出：“加强海洋产业投资合作和海洋领域国际合作，建立健全海洋经济对外投资服务保障体系，拓展海洋经济合作发展新空间。”“鼓励涉海企业、科研院所与国外相关机构开展联合设计与技术交流，建立产业技术创新联盟，推动海洋工程建筑、海洋船舶、海洋工程装备制造等海洋先进制造业对外合作。加快推进海水养殖、海水淡化与综合利用、海洋能开发利用等产业的产能合作和技术输出，支持渔业企业在海外建立远洋渔业和水产品加工物流基地”。

《海洋经济规划》在“保障措施”中提出：“强化政策调节，通过国家科技计划(专项、基金等)，统筹支持符合条件的海洋基础科学和关键技术研发。积极支持海水利用、海水养殖、海洋可再生能源、海洋药物与生物制品、海洋装备制造、海洋文化等海洋产业的发展。鼓励符合条件的海洋重大技术装备制造企业，按规定申请首台(套)重大技术装备保费补贴。继续落实企业从事远洋捕捞、海水养殖、符合条件的海水淡化和海洋能发电项目的所得，免征、减征企业所得税”。

十一、《全国海岛保护工作“十三五”规划》

2016年12月，国家海洋局发布了《全国海岛保护工作“十三五”规划》(以下简称《海岛规划》)，对《全国海岛保护规划》进行了细化与深化，提出了“十三五”期间全国海岛保护与管理工作的总体要求、主要任务、重大工程和保障措施。

《海岛规划》在“合理利用海岛自然资源”主要任务中提出：“推进海岛地区经济社会发展，研究总结海岛成功开发经验，支持水资源综合利用和废弃物资源化利用，开展海岛海水利用示范，扩大可再生能源利用规模，加强海岛防灾减灾能力建设”。

第二节　管理规定

一、《海洋可再生能源资金项目实施管理细则(暂行)》

2016 年 12 月，为推动我国海洋可再生能源开发利用，加强海洋可再生能源资金项目管理，提高国家财政资金使用效益，依据《可再生能源发展专项资金管理暂行办法》等规定，国家海洋局发布了《海洋可再生能源资金项目实施管理细则(暂行)》(以下简称《管理细则》)。

《管理细则》主要包括总则、组织管理、项目立项、项目实施与监管、项目验收与成果管理、奖惩和附则七个部分。

在“总则”部分，《管理细则》明确了下一阶段海洋能资金重点支持方向：“海洋可再生能源重点关键技术示范推广和产业化示范，海洋可再生能源规模化开发利用及能力建设，海洋可再生能源公共平台建设，海洋可再生能源综合应用示范，其他经国务院批准的有关事项。”《管理细则》确定“海洋能资金主要采用竞争性方式分配，原则上采用招标的方式确定项目承担单位。部分公共平台建设或涉及国家安全、国家秘密等情况的项目，经财政部批准，可依法采用非招标方式确定项目承担单位”。《管理细则》规定“海洋能资金项目海上试验须按照海洋能发电装置海试质量控制管理文件及技术要求等有关规定执行”。

在“组织管理”部分，《管理细则》要求“省、自治区、直辖市、计划单列市海洋行政主管部门应制定本地区海洋能开发利用规划，将海洋能开发利用规划纳入本地区海洋经济规划和海洋功能区划，引导社会资金投入海洋能产业，落实地方扶持政策措施，协助推动海洋能资金项目落地”。

在“项目实施与监管”部分，《管理细则》规定“海洋能资金项目实行半年报和年报制度，项目承担单位于每年 6 月 30 日及 12 月 30 日前，分别向国家海洋局报送《海洋可再生能源资金项目半年度工作情况报告表》和《海洋可再生海能资金项目年度报告》”。“对于评估中发现项目执行存在较大问题的，国家海洋局下达项目整改通知。项目承担单位须制定整改方案，报国家海洋局，并在规定时间内完成整改。整改措施落实不到位的，国家海洋局将对项目承担单位予以通报。”“海洋能资金项目实行重大事项报批制度。研究内容、技术路线、项目负责人等事项需要变更的，项目承担单位应及时报国家海洋局审批。因不可抗拒因素不能按期完成需延期的，项目承担单位应在合同期满前3个月报国家海洋局审批。海洋能资金项目延期时间一般不超过12个月。”“因不可抗拒因素导致海洋能资金项目无法继续实施需终止的，项目承担单位应向国家海洋局主动提出项目终止书面申请。对于故意拖延不申请的，国家海洋局向项目承担单位发出终止项目通知。国家海洋局组织审查后，根据审查意见批准项目终止，报财政部，并责令项目承担单位返还项目经费”。

在“项目验收与成果管理”部分，《管理细则》要求“海洋能资金项目验收分为验收准备和正式验收两个阶段，项目承担单位应在项目实施期限结束后1个月内完成自验收等验收准备工作，后向验收组织部门提交验收申请，开展正式验收工作。财政拨款结转结余资金按国家有关规定执行”。

在“奖惩”部分，《管理细则》提出“未按合同要求完成项目任务实施的，国家海洋局依法对项目承担单位进行处理，并将其计入严重失信行为记录名单，阶段性或永久性取消其申请海洋能资金项目或参与项目管理的资格”。

二、《绿色电力证书核发及自愿认购规则（试行）》

2017年2月，国家发展改革委、财政部、国家能源局联合发布了《关于试行可再生能源绿色电力证书核发及自愿认购交易制度的通知》（以下简称《通知》），进一步完善风电、光伏发电的补贴机制，引导全社会绿色消费，促进清洁能源消纳利用。

《通知》提出“建立可再生能源绿色电力证书自愿认购体系”“试行可再生能源绿色电力证书的核发工作”“完善绿色电力证书的自愿认购规则”“做好绿色电力证书自愿认购责任分工”。

《通知》规定“由国家可再生能源信息管理中心依据可再生能源上网电量通过国家能源局可再生能源发电项目信息管理平台向符合资格的可再生能源发电企业颁发的具有唯一代码标识的电子凭证。国家可再生能源信息管理中心负责复核企业所属项目的合规性和月度结算电量，按照1个证书对应1兆瓦时结算电量标准，向企业核发相应证书。不足1兆瓦时结算电量部分，结转到次月核发。风电、光伏发电企业出售可再生能源绿色电力证书后，相应的电量不再享受国家可再生能源电价附加资金的补贴”。

三、《战略性新兴产业重点产品和服务指导目录(2016版)》

2017年1月，为贯彻落实《“十三五”国家战略性新兴产业发展规划》，引导全社会资源投向，国家发展改革委发布了《战略性新兴产业重点产品和服务指导目录(2016版)》。

该目录涉及战略性新兴产业5大领域8个产业，进一步细化到40个重点方向下174个子方向，共有“海洋能相关系统与装备”和“海上风电相关系统与装备”2个子方向与海洋能有关。

(1)“海洋能相关系统与装备”子方向主要包括以下内容。

海洋能发电机组。包括万千瓦级环境友好型低水头大容量潮汐水轮发电机组，300千瓦以上潮流发电机组，百千瓦级新型波浪能发电机组。

海洋能相关系统与设备。包括海洋能开发前期水文观测、地质地形观测、勘察设备，海上施工、运输、安装、维护船只及相应设备，海底电缆相关设备、海底电缆故障检测设备、连接器，防附着及防腐材料。

海洋能装置研发公共支撑平台相关系统与设备。包括海洋能海上试验场、海洋能综合检测中心、海洋动力环境模拟试验等公共服务平台建设和运行所需要的相关设备。

(2)“海上风电相关系统与装备”子方向主要包括以下内容。

海上风电项目前期海洋水文观测仪器、勘测设备、测风设备，海上风电机组基础制作、施工、运输、安装设备，220千伏交流输电XLPE绝缘海底电缆及电缆附件，±200~500千伏直流输电XLPE绝缘海底电缆及电缆附件。海缆敷设装备(包括护管)，海缆故障检测设备，海上升压站专用设备，大型法兰锻造设备，施工专用高强度灌浆材料、防腐材料(包括重防腐涂料、阳极块、外加电流保护装置)及电位检测装置，运行维护专用船舶及装备，海上风电机组基础在线监测系统，海上风电逃生救援装置，防撞导航设备。

第三节　资金支持计划

在海洋可再生能源专项资金、国家自然科学基金等持续支持下，我国海洋能技术在基础科学研究、关键技术研发、工程示范、标准体系建设等方面取得了较大进展。

一、海洋可再生能源专项资金

自2010年5月设立海洋可再生能源专项资金(以下简称“专项资金”)以来，有力地推动了我国海洋能工作整体水平的快速提升，取得了较为显著的成效，充分发挥了中央财政资金在支持国家产业结构调整、培育战略性新兴产业、探索能源结构调整等方面的引导作用。

截至2017年4月底，专项资金实际支持了103个专项项目(另有6个终止项目)，实际投入经费总额近10亿元。

为推进“专项资金”项目进展，受国家海洋局科技司委托，海洋可再生能源开发利用管理中心通过现场检查、会议检查、项目约谈、组织项目自查等多种形式，对2010—2016年在研项目进行了监督检查。2016年5月至2017年4月底，共有37个专项项目通过了验收(表1-1)。

表1-1　2016年5月至2017年4月底的“专项资金”项目验收统计表

序号	项目名称	承担单位	立项时间
1	60千瓦半直驱水平轴潮流发电系统研究	浙江大学	2010年
2	新型高效低水头大流量双向竖井贯流式机组开发与研制	河海大学	2011年
3	海上波浪能与风能互补发电平台的研发	华北电力大学	2011年
4	基于潮流能利用的变几何水轮机发电装置的研制	上海交通大学	2011年

续表 1-1

序号	项目名称	承担单位	立项时间
5	波浪能、潮流能能量转换效率模拟测试技术研究	国家海洋技术中心	2010 年
6	波浪能、潮流能海上试验与测试场建设论证及工程设计	国家海洋技术中心	2010 年
7	海洋能资源勘查与选划成果整合与集成	国家海洋技术中心	2011 年
8	海洋能专项技术成果整合与集成	国家海洋技术中心	2011 年
9	波浪能耦合其他海洋能的发电系统关键技术研究与开发	集美大学	2011 年
10	厦门马銮湾万千瓦级潮汐电站建设的站址勘查、选划及工程预可研	福建大唐国际新能源有限公司	2011 年
11	浙江省嵊山岛海洋再生能源多能互补独立电力系统示范工程	中船重工第七一一研究所	2011 年
12	海洋观测平台 5 千瓦模块化潮流能供电关键技术研究与试验	东北师范大学	2010 年
13	波浪能重点开发利用区 OE-W03 区块资源勘查和选划	国家海洋局第三海洋研究所	2011 年
14	轴流式潮流能发电装置研究与试验	中国海洋大学	2010 年
15	波浪能与潮流能独立电力系统综合测试技术	国家海洋技术中心	2011 年
16	筏式液压波浪发电装置	中船重工第七一〇研究所	2011 年
17	浮体绳轮波浪能发电技术研究与试验	山东大学(威海)	2011 年
18	江厦潮汐试验电站 1 号机组增效扩容改造	龙源电力集团股份有限公司	2012 年
19	海洋能国际标准研究与基础标准制定	国家海洋标准计量中心	2011 年
20	磁流体波浪能发电技术及其海试样机的研究与试验	中国科学院电工研究所	2011 年
21	规模化培养海洋能源微藻制备生物柴油技术装备集成与示范	中国科学院南海海洋研究所	2011 年
22	潮流能示范工程总体设计	中国长江三峡集团公司	2013 年
23	温州瓯飞万千瓦级潮汐电站建设工程预可研	中国水电华东勘测设计院	2013 年
24	用于海洋观测设备的直驱式波浪发电关键技术研究与试验	东南大学	2011 年
25	用于海洋资料浮标观测系统的波浪能供电关键技术的研究与试验	青岛海纳重工集团公司	2011 年
26	基于潮流能、波浪能耦合的海岛独立发电、制淡系统研究与试验	浙江大学宁波理工学院	2011 年

续表 1-1

序号	项目名称	承担单位	立项时间
27	新型高效波浪能发电装置的研发与应用	广东中大南海海洋生物技术工程中心有限公司	2010 年
28	抗风浪高效波浪能发电装置的研发与应用	中山大学	2011 年
29	横轴转子水轮机波浪发电系统开发	中国水利水电科学研究院	2010 年
30	轮缘驱动型潮流能发电技术的研究与试验	中国科学院电工研究所	2011 年
31	共水平轴 15 千瓦自变距潮流能发电装置	东北师范大学	2011 年
32	100 千瓦鹰式波浪能发电装置工程样机研建	中海工业有限公司	2013 年
33	黄海夏季冷水集中供冷系统装置研发与试验	中国海洋大学	2013 年
34	LHD-L-1000 林东模块化大型海洋潮流能发电机组项目(一期)	浙江舟山联合动能新能源开发有限公司	2013 年
35	漂浮式潮流能电站海岛独立发电应用示范	岱山县科技开发中心	2010 年
36	岱山潮流能资源勘查、储量评估及功能区划研究	浙江海洋学院	2011 年
37	海州湾海洋管理监测平台 20 千瓦波浪能发电新装置研究与试验	连云港市海域使用保护动态管理中心	2011 年

截至 2017 年 4 月底，在实际支持的 103 个专项项目中，已有 62 个专项项目完成验收。

二、国家自然科学基金

国家自然科学基金通过重点项目、面上项目、青年科学基金项目、国际(地区)合作与交流项目等持续加大对新兴海洋能领域相关基础科学问题研究进行资助，有力地推动了我国海洋能领域基础科学研究的发展，为我国海洋能基础科学研究整体水平的提升做出了积极贡献。

根据国家自然科学基金官方网站发布的数据进行统计，2016 年，国家自然科学基金支持了 18 个海洋能相关的基础研究类项目，其中，面上项目 7 个，青年科学基金项目 7 个，国际(地区)合作与交流项目

3 个，应急管理项目 1 个，总经费近 600 万元(按子领域分类见图 1-1，2014—2016 年海洋能项目及经费统计见图 1-2)。

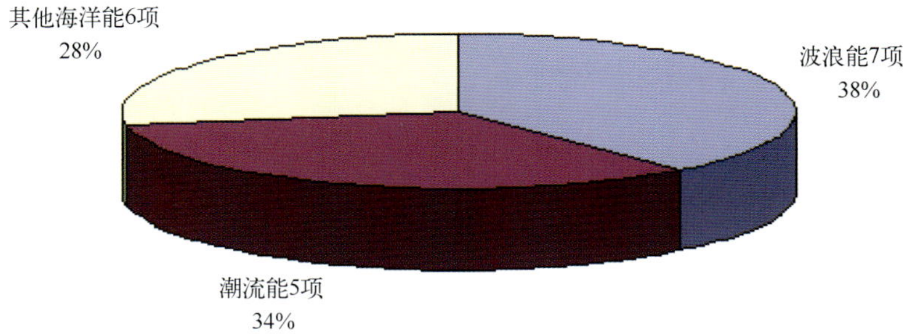

图 1-1　国家自然科学基金海洋能项目及经费统计(2016 年)

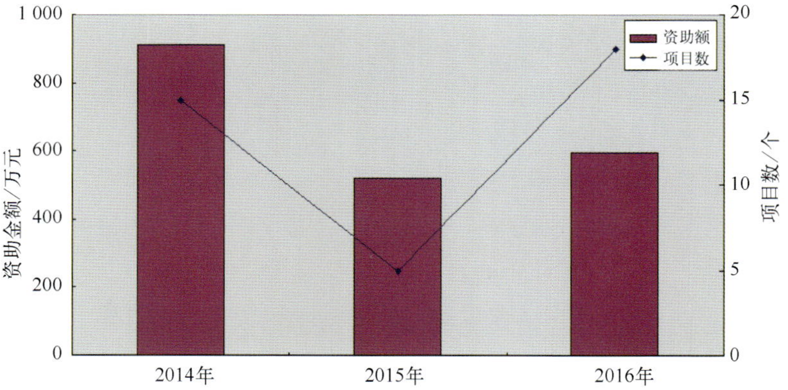

图 1-2　国家自然科学基金海洋能项目及经费统计(2014—2016 年)

第二章　技术进展

2016 年 5 月以来，海洋能专项资金、国家自然科学基金等投入超过 1 亿元支持海洋能基础理论研究、海洋能关键技术研发、海洋能工程示范以及海洋能公共支撑体系建设等。

第一节　潮汐能

一、潮汐能示范电站

（一）江厦潮汐电站

自 1980 年并网发电以来，江厦潮汐试验电站运行良好，在科技部、国家海洋局、财政部等部门的支持下，先后经历了多次技术改造。在 2012 年海洋能专项资金支持下，龙源电力集团股份有限公司对江厦潮汐试验电站 1 号机组进行了增效扩容改造。2016 年 7 月，项目通过了国家海洋局科技司组织的验收，如图 2-1 所示为江厦潮汐电站及 1 号机组。

图 2-1　江厦潮汐电站及 1 号机组

项目研制的国内首创的 700 千瓦三叶片双向潮汐发电机组，经第三方中水北方勘测设计研究有限责任公司现场测试，水轮机正向发电时最高效率 88.7%，反向发电时最高效率 83.2%，相比原机组最高效率提高 10%以上。2015 年 6 月并网。截至 2017 年 1 月底，改造后的 1 号机组累计发电 5 610 小时，发电量达 245 万千瓦时。

项目获得国家发明专利 1 项，软件著作权 1 项，发表 EI/SCI 论文 6 篇，培养博士后 1 名、博士研究生 2 名、硕士研究生 2 名。通过本项目研发，为我国未来潮汐能的大规模商业化应用储备了成熟的水轮机型谱，为潮汐机组运行储备了经验。

(二)海山潮汐电站

1975 年建成的海山潮汐电站(图 2-2)位于浙江省玉环县，是我国现存最早的海洋能电站，装机容量 2×125 千瓦，采用双库单向发电的工作方式。2008 年，电站由浙江省玉环县水务集团公司管理。由于该电站是我国现仍在运行的最早的潮汐电站，基于潮汐发电、全潮蓄淡、蓄能发电和库区水产养殖综合开发等多方面的优势，2011 年，电站入选浙江省重点文物保护单位。

图 2-2　海山潮汐电站、上水库及发电机组

目前，该电站仅有一台机组在运行。为维护该潮汐电站的持续运行及发展，计划实施技术改造工程，对原老旧机组进行升级改造，研制两台各 250 千瓦的双向发电机组，并对库区进行清淤，工程总投资约 1 000 万元，改造工程于 2016 年年底通过地方政府审批，正寻求解决资金缺口。

二、潮汐能新技术研发

(一)新型高效低水头大流量双向竖井贯流式水轮机

在2011年海洋能专项资金支持下，河海大学研制了新型高效低水头大流量双向竖井贯流式机组，单机容量150千瓦，设计工况下正向发电水力效率不低于88%，反向发电水力效率达到80%。2013年11月，机组制造完成，并运至运西水电站现场安装，截至2017年1月，发电量达26万千瓦时。该水轮机组在设计工况下正向发电水力效率88.15%，反向发电效率83.08%。

项目获得发明专利7项，发表学术论文20篇。2016年5月，项目通过了国家海洋局科技司组织的验收。

(二)马銮湾万千瓦级潮汐电站预可研

在2011年海洋能专项资金支持下，福建大唐国际新能源有限公司完成了“厦门马銮湾万千瓦级潮汐电站建设的站址勘查、选划及工程预可研”，规划电站采用单库单向发电运行方式，设计装机容量2.4万千瓦(布置5×4.8兆瓦灯泡贯流式机组)，总投资10.3亿元，出厂电价为2.185元/千瓦时。

2016年7月，项目通过了国家海洋局科技司组织的验收。

(三)温州瓯飞潮汐电站预可研

在2013年海洋能专项资金支持下，中国电建集团华东勘测设计研究院有限公司牵头开展了“温州瓯飞万千瓦级潮汐电站建设工程预可研”，规划电站采用单库单向发电运行方式，设计装机容量45.1万千瓦，采用41台单机11兆瓦水轮机组，总投资565.47亿元，出厂电价为1.503元/千瓦时。

项目发表论文1篇，培养博士研究生2名、硕士研究生2名。为温州瓯飞潮汐电站下一步的可行性研究及项目实施奠定了基础。2016年7月，项目通过了国家海洋局科技司组织的验收。

第二节　潮流能

一、潮流能示范电站

（一）LHD 模块化海洋潮流能发电机组

在 2013 年海洋能专项资金支持下，浙江舟山联合动能新能源开发有限公司研制了 LHD-L-1000 林东模块化潮流能发电机组，于 2016 年 7 月 27 日完成两套共 1 兆瓦涡轮发电机组海上安装并实现发电，如图 2-3 所示。2016 年 8 月 26 日，该项目机组正式并入国家电网。自下海以来，该机组海上运行时间超过 5 个月，并网试运行时间超过 4 个月，累计发电量超过 17 万千瓦时，上网电量近 1 万千瓦时。2017 年 1 月，项目通过了浙江省海洋与渔业局组织的验收。

图 2-3　1 兆瓦涡轮发电机组发电并网

该项目已铺设完成 1.5 千米 10 千伏海岛架空线和 6.5 千米 10 千伏陆地高压并网线路，建成岸基汇流中心，海上总成平台总装机可达 3.4 兆瓦。总成平台结构由多层框架和斜撑组成（图 2-4），长 70 米，宽 20 米，高 30 米，总重 2 500 吨，主要通过平台中的 20 根圆管直桩和 4 根圆管斜桩作为支撑结构，涡轮发电机组以顶部支撑的方式放入总成平台内，总成平台通过海上桩基工程固定于海床上，可抵御 14 级台风，保证发电站稳定运行。额定流速 2.2 米/秒，1 兆瓦机组转换效率优于 30%，单机实海况最大发电功率 390 千瓦。

图 2-4　示范工程总成平台

项目共获得国内专利 23 项及国际专利 6 项，发表论文 1 篇，形成企业标准 1 项，获得 2016 年第五届中国创新创业大赛新能源及节能环保行业企业组第一名，第六届中国侨界贡献(创新成果)奖等国家级奖励 2 项以及省市级奖励 4 项，培养博士研究生 2 名、硕士研究生 3 名。项目采取的“小功率水轮机、大功率发电系统”技术路径有效地降低了投资风险和运营成本，系统运行维护便捷，为开展后续机组研制和布放奠定了坚实的基础，初步探索了我国潮流能产业化之路。

(二)300 千瓦半直驱水平轴潮流能发电工程样机

在 2010 年海洋能专项资金支持下，浙江大学研制了 60 千瓦半直驱水平轴潮流能发电装置工程样机(图 2-5)，2014 年 5 月开始海试，累计发电超过 2.5 万千瓦时，额定流速 2 米/秒，整机效率超过 39%。经第三方检测，流速在 1.64 米/秒时，发电功率 31.5 千瓦。机组转换效率，叶片、传动系统、电控系统等关键部件与关键技术基本解决，项目将继续对机组密封、叶片磨损、防腐等运维技术进行研究。

图 2-5　60 千瓦/120 千瓦潮流能机组

项目共获得专利 7 项，发表论文 12 篇，获得 2016 年度高等学校科学研究优秀成果科技进步一等奖 1 项，培养博士研究生 1 名、硕士研究生 3 名。2016 年 5 月，项目通过了国家海洋局科技司组织的验收。

在此技术基础上，2013 年海洋能专项资金支持国电联合动力技术有限公司和浙江大学联合开展了“2×300 千瓦潮流能发电工程样机产品化设计与制造”。目前，定型样机定于 2017 年 7 月开展整机厂内测试，并于 9 月完成海试平台改造后开展海试。项目已获得专利 5 项。

2015 年海洋能专项资金支持浙江大学开展了“海洋能海岛独立供电系统示范工程建设”，目前 120 千瓦机组已试运行超过 2 个月，发电量超过 1.3 万千瓦时，获得专利 4 项，发表论文 3 篇。

（三）漂浮式潮流能电站海岛独立发电应用示范

在 2010 年海洋能专项资金支持下，浙江省岱山县科技开发中心和哈尔滨工程大学研建了“2×300 千瓦潮流能海岛独立发电应用示范”工程。“海能Ⅲ”垂直轴潮流能发电装置自 2013 年 12 月海试以来（图 2-6），累计发电时间超过 20 个月，累计发电量 6 880 千瓦时。

该项目采用的 2 台 300 千瓦机组安装在一个漂浮载体上，是国际上装机容量最大的漂浮式垂直轴潮流能发电系统，十字叉型叶片设计具有结构简单、运行平稳的技术优势。项目共获得专利14项，发表论文23篇，培养博士研究生5名、硕士研究生20名。2017年3月，项目通过了浙江省海洋与渔业局组织的验收。

图2-6 “海能-Ⅲ”海试

二、潮流能新技术研发

(一)轮缘驱动型潮流能发电技术

在2013年海洋能专项资金支持下，中国科学院电工研究所研发了5千瓦轮缘驱动型潮流能发电样机。2016年7月海试以来(图2-7)，累计发电量超过400千瓦时，该技术的启动流速为0.35米/秒，效率达到40%以上，平均日发电小时数为11~13小时，目前已为舟山西轩岛海水养殖的增氧机、水泵等设备提供电力供应。

图2-7 轮缘驱动型潮流能发电海试机组

该装置结构紧凑，检修方便，启动性能好，适于开发深海海底监测及网箱养殖等供电。项目共获得专利 1 项，发表论文 4 篇，培养博士研究生 1 名、硕士研究生 2 名。2017 年 1 月，项目通过了国家海洋局科技司组织的验收。

(二)共水平轴自变距潮流能发电装置

在 2011 年海洋能专项资金支持下，东北师范大学研发了“共水平轴 15 千瓦自变距潮流能发电装置”，2016 年 5 月海试以来(图 2-8)，累计发电量 260 千瓦时，探索了双向自变距潮流能发电新技术，能够适应我国海域低流速的特点。

图 2-8　15 千瓦潮流能装置海试

项目共获得专利 4 项，发表论文 6 篇。2016 年 7 月，项目通过了国家海洋局科技司组织的验收。

(三)轴流式潮流能发电装置

在 2010 年海洋能专项资金支持下，中国海洋大学研制了 20 千瓦轴流式潮流能发电装置。2015 年 6 月开始海试(图 2-9)，累计发电时间超过 16 个月，实现了最大功率点追踪控制，机组效率达 35.2%，启动流速 0.45 米/秒。浮潜式载体的创新应用，使机组定位与固定可靠、运行平稳、输出稳定，便于拖航、安装、移址、回收及维护。

图 2-9 轴流式潮流能发电装置海上测试运行

项目共获得专利 4 项，发表论文 9 篇，培养硕士研究生 3 名。2016 年 7 月，项目通过了国家海洋局科技司组织的验收。

（四）海洋观测平台 5 千瓦模块化潮流能供电关键技术

在 2010 年海洋能专项资金支持下，东北师范大学研发了“海洋观测平台 5 千瓦模块化潮流能供电关键技术”，2015 年海试以来，水下运行时间达 12 个月，单个模块可满足海洋浮标等观测仪器供电。

项目共获得专利 2 项，发表论文 6 篇。2016 年 7 月，项目通过了国家海洋局科技司组织的验收。

（五）基于潮流能利用的变几何水轮机发电装置

在 2011 年海洋能专项资金支持下，上海交通大学研制了“基于潮流能利用的变几何水轮机发电装置”，2013 年 3 月开始进行了 100 多天的海试，该漂浮式发电装置样机的平均输出功率 24.9 千瓦，转换效率为 31.4%。

项目共发表论文 7 篇，培养博士研究生 2 名、硕士研究生 2 名。2016 年 5 月，项目通过了国家海洋局科技司组织的验收。

（六）基于潮流能、波浪能耦合的海岛独立发电、制淡系统

在 2011 年海洋能专项资金支持下，浙江大学宁波理工学院研制了“基于潮流能、波浪能耦合的海岛独立发电、制淡系统”，15 千瓦水平轴式潮流能桨叶与 2 个摆动浮子组成的系统，自 2013 年 6 月海试以来

（图 2-10），运行时间超过 20 个月，受浪流装置耦合效果不佳的影响，潮流能样机和波浪能样机的转换效率不高，海水制淡日产量达到 11.6 吨。

图 2-10　浪流耦合发电系统海试

项目共获得专利 8 项，发表论文 10 篇，培养博士研究生 1 名、硕士研究生 11 名。2016 年 9 月，项目通过了宁波市海洋与渔业局组织的验收。

第三节　波浪能

一、波浪能示范电站

（一）鹰式“万山号”波浪能发电装置

在中国科学院广州能源研究所“鹰式一号”10 千瓦波浪能发电装置成功海试的基础上，2013 年海洋能专项资金支持中海工业有限公司和中国科学院广州能源研究所联合研制“100 千瓦鹰式波浪能发电装置工程样机”。2015 年 11 月起，“万山号”100 千瓦鹰式波浪能发电装置开始海试（图 2-11），截至 2017 年 2 月，累计发电量超过 3 万千瓦时。“万山号”总重 450 吨，额定波高 2 米，采用半潜式一基多体式设计，在周期 4~6.5 秒，波高 0.6~2.5 米的波况下，整机转换效率在 20%以上，海试期间最大发电功率超过 128 千瓦。在风暴中装置姿态平稳、锚泊牢固、监控准确、通信通畅，能将高度不稳定的波浪能转换为相对稳定的电能，实现小波下蓄能发电，中等波况下稳定发电，初步具备了向海岛供电的技术条件。

图 2-11 “万山号”波浪能发电装置进行海试

项目共获得国际专利 2 项，国内专利 4 项，发表论文 19 篇，形成企业标准 1 项，培养博士研究生 5 名，硕士研究生 2 名。2016 年 12 月海上可移动能源平台整套设计图纸获得法国船级社（BV）认证，标志着鹰式波浪能技术具备了形成产业化和走向国际市场的技术条件。2017 年 1 月，项目通过了国家海洋局科技司组织的验收。

中国科学院广州能源研究所基于鹰式技术，在珠海大万山岛研建了“南海海岛海洋能独立电力系统示范工程”（图 2-12），该示范工程发电时间超过 36 个月，累计发电量 208 万千瓦时，其中，波浪能发电量 700 多千瓦时。项目共获得国际专利 2 项，国内专利 4 项，发表论文 15 篇，培养博士研究生 5 名、研究研究生 10 名。

（二）抗风浪高效波浪能发电装置

在 2010 年和 2011 年海洋能专项资金支持下，中山大学研制了 20 千瓦“抗风浪高效波浪能发电装置”（图 2-13），采用四点立桩式结构，浮子沿导轨垂直运动，多浮子通过齿轮和输出主轴进行耦合连接，实现大功率发电。自 2014 年开展了 4 年海试，累计发电量 2 600 千瓦时，最大发电功率 19.3 千瓦，系统转换效率 20%，抵御过 14 级以上的台风，抗污防腐蚀能力较好，浮子部件采用纺锤形设计，起到消波增效的作用，系统具有较高的工程化推广价值。

图 2-12　南海海岛海洋能独立电力系统示范工程

项目共获得国家专利 2 项，发表论文 2 篇。2016 年 10 月，项目通过了广东省海洋与渔业厅组织的验收。

图 2-13　中山大学研制的波浪能电站

二、波浪能新技术研发

(一) 波浪能耦合其他海洋能的发电装置

在 2011 年海洋能专项资金支持下，集美大学研制了 10 千瓦“波浪能耦合其他海洋能的发电系统”(“集大 1 号”)。该系统由 10 组振荡浮子和1组垂直轴风机组成，在台风巨浪情况下可以升起浮子以减小冲击。2014年7月开展了6个月海试(图2-14)，实海况运行5 000小时，最大发电功率3.6千瓦。

图2-14 “集大1号”海试

项目共获得专利15项，发表论文43篇，培养博士研究生1名、硕士研究生16名。2016年6月，项目通过了厦门市海洋与渔业局组织的验收。

(二)柔性直驱式浪轮发电装置

在2013年海洋能专项资金支持下，上海海洋大学研制了柔性直驱式风浪流集成海洋发电装置，掌握了不同波高、流速、风速等耦合流场下的叶片获能关键技术。自2015年8月开展了1年海试，启动波高0.6米，启动流速0.35米/秒，启动风速0.3米/秒，总转换效率24%，累计发电量超过3万千瓦时。

项目共获得专利49项，2016年6月获得美国匹兹堡第31届国际发明金质奖章，2016年1月获得第九届国际发明展览会发明金奖，发表论文159篇，出版专著3部，培养博士研究生2名、硕士研究生23名。初步实现了为大型海洋观测浮标供电以及渔排供电示范。

(三)用于海洋观测设备的直驱式波浪发电关键技术

在2011年海洋能专项资金支持下，东南大学研制了用于海洋浮标系统的1千瓦直驱式波浪能发电装置，2014年7月开展了3个月的海试(图2-15)，在波高为0.5~0.7米的条件下，样机的平均发电功率达到

1.17 千瓦，最大发电功率为 4.25 千瓦。该装置已为浪流观测仪器供电。

图 2-15　1 千瓦直驱式波浪发电装置海试

项目共获得专利 29 项，发表论文 19 篇。2016 年 7 月，项目通过了国家海洋局科技司组织的验收。

（四）浮体绳轮波浪能发电技术

在 2011 年海洋能专项资金支持下，山东大学（威海）研制了 10 千瓦浮体绳轮波浪能发电装置样机，2015 年 5 月开展海试并运行 100 天（图 2-16），额定海况下最大发电功率 6.7 千瓦，单波平均发电效率 18.7%，因浮体在下降过程中主绳缆收绳不及时，导致浮体有效做功行程大幅缩短，影响了发电功率和效率。

图 2-16　浮体绳轮波浪能发电装置样机海试

项目共获得专利 4 项，发表论文 10 篇。2016 年 7 月，项目通过了国家海洋局科技司组织的验收。

（五）磁流体波浪能发电技术

在 2011 年海洋能专项资金支持下，中国科学院电工研究所研制了 10 千瓦“磁流体波浪能发电技术样机”，利用波浪能作用力，直接驱动高电导率的液态金属高速流过磁流体发电通道产生电能，从而避免了采用大增速比的机械部件或者复杂的液压增速系统，提高了系统转换效率和可靠性。通过项目研究掌握了往复式液态金属磁流体波浪能发电机、低熔点液态金属发电工质等关键技术。

2015 年 2 月开展海试（图 2-17），最大输出功率 2.3 千瓦，PTO 效率 37%。项目共获得专利 12 项，软件著作权 2 项，发表论文 18 篇，培养博士研究生 2 名、硕士研究生 4 名。2016 年 7 月，项目通过了国家海洋局科技司组织的验收。

图 2-17　磁流体波浪能发电装置海试

（六）筏式液压波浪发电装置

在 2011 年海洋能专项资金支持下，中船重工第七一〇研究所研制了 10 千瓦筏式液压海浪发电装置，2014 年 7 月开始海试，连续运行时间超过 2 个月。项目共获得专利 4 项，发表论文 1 篇。2016 年 7 月，项目通过了国家海洋局科技司组织的验收。

在该技术基础上，2012 年海洋能专项资金支持中船重工第七一〇研究所研建了“大万山岛波浪能独立电力系统示范工程”，改进后的 100 千瓦“海龙 1 号”装置于 2015 年 7 月开展了近 3 个月海试，最大发电功率接近10千瓦，在1~2米波高下，发电效率在15%~22%，累计发电量2 000千瓦时，后受台风破坏系统损毁。项目已取得专利6项，发表论文1篇。

(七)验收的其他波浪能项目

1. 横轴转子水轮机波浪发电系统

在2010年海洋能专项资金支持下，中国水利水电科学研究院研制了5千瓦"横轴转子水轮机波浪发电系统装置"，2015年12月开展海试，系统转换效率19.3%。项目共获得专利5项，发表论文2篇。2017年1月，项目通过了国家海洋局科技司组织的验收。

2. 用于海洋资料浮标观测系统的波浪能供电关键技术

在2011年海洋能专项资金支持下，青岛海纳重工集团公司和中国海洋大学联合研制了用于海洋资料浮标的1千瓦波浪能发电装置，2014年8月开展了3个月海试，最大发电功率0.61千瓦。项目共获得专利3项，发表论文3篇，培养博士研究生2名、硕士研究生4名。2016年8月，项目通过了山东省海洋与渔业厅组织的验收。

3. 嵊山岛多能互补独立电力系统示范

在2011年海洋能专项资金支持下，中船重工第七一一研究所与国家海洋技术中心联合研建了"浙江省嵊山岛海洋再生能源多能互补独立电力系统示范工程"，完成了摆式波浪能装置、风机、生物质能发电系统、太阳能热发电系统、海水淡化、蓄能系统的安装调试。项目共发表论文9篇，培养博士研究生1名、硕士研究生2名。2016年7月，项目通过了国家海洋局科技司组织的验收。

4. 海上波浪能与风能互补发电平台

在2011年海洋能专项资金支持下，华北电力大学研制了20千瓦海上波浪能与风能互补发电平台，2014年7月开展了3个月海试。项目共获得专利3项，发表论文5篇。2016年5月，项目通过了国家海洋局科技司组织的验收。

(八)其他波浪能技术进展

1. 波浪能网箱供电系统示范

在2016年海洋能专项资金支持下，日照市万泽丰渔业有限公司承担了“波浪能网箱供电系统示范与推广”项目，采用5千瓦振荡浮子式波浪能发电装置为黄海冷水团离岸深水网箱养殖提供电力。

该项目目前已完成示范海域资源调查分析、发电平台结构设计(图2-18)及波浪能装置模型的物理试验。

图 2-18　波浪能网箱供电系统平台设计

2. 航标用波浪能供电技术产品化

在2016年海洋能专项资金支持下，巢湖市银环航标有限公司和中国科学院广州能源研究所联合开展了“航标用波浪能供电技术产品化”，将研制与航标形成一体化结构的10瓦、60瓦、100瓦系列化机械式波浪能发电装置，目前正在开展模块化设计，项目发表论文2篇。

3. 80千瓦波浪能液压转换与控制装置模块

在2016年海洋能专项资金支持下，中国电子科技集团公司第三十八研究所开展了“80千瓦波浪能液压转换与控制装置模块及千伏级动力逆变器关键技术”研究，目前已申请专利1项。

第四节　温差能、盐差能及其他海洋能

一、温差能发电及综合利用技术

(一)10千瓦海洋温差能发电系统

在2013年海洋能专项资金支持下，国家海洋局第一海洋研究所研

建了 10 千瓦海洋温差能发电系统(图 2-19)，采用新型热力循环方式，循环效率由 3%提高到了 5.1%，研制了新型氨透平。

图 2-19　10 千瓦海洋温差能发电系统

自 2017 年 2 月 4 日，10 千瓦海洋温差能发电系统连续无故障运行时间超过 1 000 小时，发电功率 7.5 千瓦，验证了系统的稳定性和可靠性，掌握了一定的海洋温差能发电系统调试运行经验。项目共获得专利 1 项，发表论文 12 篇，培养博士研究生 1 名、硕士研究生 2 名。

(二)黄海夏季冷水集中供冷系统装置

在 2013 年海洋能专项资金支持下，中国海洋大学研制了 10.5 千瓦“黄海夏季冷水集中供冷系统装置”，掌握了换热器结构与材料、换热效率、低温水保温提取等关键技术。自 2014 年 10 月起，累计海试运行时间超过 1 个月(图 2-20)，综合节能效率 59.2%。

项目共获得专利 3 项，发表论文 2 篇，培养博士研究生 1 名、硕士研究生 2 名，为黄海冷水团大型化开发利用积累了重要经验。2017 年 1 月，通过国家海洋局科技司组织的验收。

二、盐差能发电技术

在 2013 年海洋能专项资金支持下，中国海洋大学研制了 100 瓦盐差能发电原理样机(图 2-21)，研制的正渗透膜片在水通量和盐截留方面均有较大提升。自 2016 年 4 月装配调试以来，安全运行时间超过 200 小时，样机效率达到 3.5%。

图 2-20　黄海夏季冷水集中供冷系统试验装置

项目共获得专利 1 项，发表论文 10 篇，培养博士研究生 1 名、硕士研究生 4 名。利用 HMBA 对商品正渗透膜实施紫外光引发表面接枝改性，提高膜的亲水性、渗透性、表面形态、抑菌性等性能的方法对于正渗透膜性能的改进具有一定价值。

图 2-21　盐差能发电样机系统

三、海洋生物质能技术

在 2011 年海洋能专项资金支持下，中国科学院南海海洋研究所完成了“规模化培养海洋能源微藻制备生物柴油技术装备集成与示范”，获得 5 株适宜室外培养的优良海洋产油微藻，完成产油微藻室外规模化养殖示范(图 2-22)。采用湿法提油新工艺制备生物柴油，获得 210 千克粗制品和 15 千克符合 B5 标准的精制品，完成了 B5 生物柴油制品性能测试及其在微藻生产中的实验性发电。

图 2-22 产油微藻藻种库及户外规模化养殖

项目共获得专利 7 项，发表论文 19 篇。2016 年 7 月，项目通过了国家海洋局科技司组织的验收。

第三章　公共支撑服务体系建设

在海洋能专项资金支持下，我国开展了一系列海洋能标准研究和制定工作，初步建立了我国海洋能开发利用技术标准体系。2012年开始，国家加大对海洋能海上试验场建设的投入力度，基本形成我国海洋能试验场总体规划布局，已开展了设计、审批及建造等工作。

第一节　海洋能标准体系建设

一、全国海洋标准化技术委员会海洋观测及海洋能源开发利用分技术委员会

全国海洋标准化技术委员会海洋观测及海洋能源开发利用分技术委员会(TC283/SC2)(简称“海洋观测和海洋能源分标委会”)自2011年12月成立以来，负责全国海洋观测及海洋能源开发利用领域标准化技术工作。秘书处于2016年出版了4期《国际标准化信息》简报，积极开展我国海洋能标准体系的研究以及海洋能国家标准与行业标准制修订等工作。

2017年3月24日，海洋观测和海洋能源分标委会在天津主持召开了“2017年度海洋观测及海洋能源领域的标准制修订立项审查会”(图3-1)，对10项国家标准项目、5项海洋行业标准项目进行了技术审查。经过详细地询问和深入地探讨，经投票表决，7项国家标准、5项海洋行业标准通过技术审查，推荐立项，3项国家标准不推荐立项。

图 3-1　2017 年度海洋观测及海洋能源领域的标准制修订立项审查会

二、海洋能国际标准研究与基础标准制定

在 2011 年海洋能专项资金支持下，由国家海洋标准计量中心牵头开展了“海洋能国际标准研究与基础标准制定”，跟踪研究海洋能国际标准，制定海洋能术语国家标准，统一海洋能开发利用领域概念和定义，为海洋能技术和产业快速发展提供支撑。项目共形成《海洋能术语 · 常用术语》《海洋能术语 · 调查和评价术语》《海洋能术语 · 电站常用术语》3 项国家标准以及《海洋能开发利用标准体系》1 项行业标准，出版专著《海洋能开发利用词典》，培养博士研究生 2 名、硕士研究生 5 名。2016 年 7 月，项目通过了国家海洋局科技司组织的验收。

三、海洋能资源勘查与选划成果整合与集成

在 2012 年海洋能专项资金支持下，国家海洋技术中心完成了“海洋能资源勘查与选划成果整合与集成”的专题研究。基于“潮汐能和潮流能重点开发利用区资源勘查与选划”和“波浪能重点开发利用区资源勘查与选划”的研究成果，通过整合分析及专题研究，搭建了海洋能基础信息数据库，形成我国海洋能资源重点开发利用区勘查与选划成果

数据集、资源分布图集，共形成《海洋能资源调查与评估指南 第3部分：波浪能》1项国家标准以及《海流和潮流能量分布图绘制方法》《海浪能量分布图绘制方法》《海洋能计算和统计编报方法》3项行业标准，项目共获得专利1项，发表论文23篇。2016年5月，项目通过了国家海洋局科技司组织的验收。

四、海洋能专项技术成果整合与集成

在2012年海洋能专项资金支持下，国家海洋技术中心完成了“海洋能专项技术成果整合与集成”的专题研究。制作了10套海洋能发电装置小比例展示模型，建成海洋能技术成果展示沙盘与展示基地，形成我国海洋能资源重点开发利用区勘查与选划成果数据集、资源分布图集，形成《海洋能电站技术经济评价导则》1项国家标准，发表论文1篇，培养博士研究生2名、硕士研究生6名。2016年5月，项目通过了国家海洋局科技司组织的验收。

第二节　海洋能装置测试技术

一、波浪能、潮流能能量转换效率模拟测试技术研究

在2010年海洋能专项资金支持下，国家海洋技术中心完成了“波浪能、潮流能能量转换效率模拟测试技术研究”，研建了一套波浪能、潮流能能量转换效率模拟测试系统。测试系统主要由波浪能、潮流能转换效率测试平台、机械能转换效率试验测试平台、电能转换效率试验测试平台及独立电网模拟装置、试验数据采集、处理与模拟分析系统组成。项目共获得专利1项，发表论文12篇。2016年5月，项目通过了国家海洋局科技司组织的验收。

二、波浪能与潮流能独立电力系统综合测试技术

在2011年海洋能专项资金支持下，国家海洋技术中心完成了“波

浪能与潮流能独立电力系统综合测试技术”研究，形成了海洋能发电综合测试系统工程样机(图 3-2)，并对“海能Ⅲ”等海洋能发电装置开展了现场测试。项目共获得专利 1 项，形成测试规程 3 项，发表论文 37 篇，培养硕士研究生 6 名。2016 年 7 月，项目通过了国家海洋局科技司组织的验收。

图 3-2 海洋能发电综合测试系统样机

第三节 海洋能试验场建设

海洋能专项资金采取总体设计、分步实施的策略，统筹安排了我国海洋能海上试验场建设发展规划。已初步形成了山东威海地区、浙江舟山地区、广东万山地区 3 个海洋能试验场及示范基地。

一、波浪能、潮流能海上试验与测试场建设论证及工程设计

在 2010 年海洋能专项资金支持下，国家海洋技术中心完成了“波浪能、潮流能海上试验与测试场建设论证及工程设计”的专题研究，解决了波浪能与潮流能装置实海况转换效率测试、波浪能与潮流能装置环境适应性与可靠性评价、模块化波浪能与潮流能装置水下电力单元存储与集成、波浪能与潮流能装置标准化并网接口等关键技术。项目共获得专利 3 项，出版专著 1 部，发表论文 7 篇。2016 年 5 月，项目通过了国家海洋局科技司组织的验收。

二、山东威海国家浅海海上综合试验场

位于山东威海褚岛海域的国家浅海海上综合试验场，主要针对波浪能、潮流能发电装置小比例样机开展实海况试验、测试和评价。项目于2010年启动论证、设计等相关工作，已完成一期建设的初步设计。2016年1月，国家浅海海上综合试验场获得换址后的海域使用权证书，确权综合面积514公顷，使用期限20年。2016年4月，换址后的试验场一期建设工程设计方案通过专家评审。

三、浙江舟山潮流能试验场及示范基地

在2013年海洋能专项资金支持下，中国长江三峡集团公司完成了“浙江舟山潮流能示范工程总体设计”。项目先后完成了海域使用论证、海洋环境影响评价、海底电缆路由调查、接入电力系统设计等各项专题论证工作，最终完成了示范工程勘查和总体设计，获取舟山市普陀区政府开具的关于开展项目前期工作的联系单(“小路条”)，最终所选场址位于舟山市普陀区普陀山岛与葫芦岛之间的水域。水道东西宽约1.6千米，南北长约3.5千米，分测试区和示范区两部分。其中，测试区将设置3个测试泊位；示范区将设置6个示范桩位，潮流能装机容量为1.05兆瓦。

项目共发表论文14篇，形成企业标准2项。2016年7月，项目通过了国家海洋局科技司组织的验收。

目前，在2015年海洋能专项资金支持下，中国长江三峡集团公司正在开展“舟山潮流能示范工程建设”的专题研究。

四、广东万山波浪能试验场及示范基地

在2013年海洋能专项资金支持下，由南方电网综合能源有限公司牵头开展了“大万山岛波浪能示范工程总体设计”。目前，已完成项目勘察选址、波浪能资源评估、泊位布局设计、锚泊系统设计、工程可行性报告编制等工作。经广东省海洋与渔业厅批复，现正开展项目海域使用论证等工作。

第四章 国际合作

在国际能源署、国际电工委员会等国际海洋能组织和英国、法国、加拿大等国家的积极推动下，国际海洋能技术商业化稳步前行，国际海洋能产业已具备初级阶段特征。鉴于部分海洋能发达国家已开始部署进军海洋能产业，抢占发展先机，发展中国家也在积极投入海洋能技术研发及应用，我国应以 21 世纪海上丝绸之路建设为契机，加速海洋能技术创新，积极推动我国与相关国家及国际组织的海洋能技术与产业合作，引进国外先进技术并在吸收创新的同时，做好技术输出准备，在国际海洋能产业形成和大发展之前，着力提升我国在未来国际海洋能产业分工中的地位。

第一节 国际能源署海洋能系统技术合作计划

一、IEA OES-TCP 进展

2001 年，为了更好地促进海洋能的研究、开发与利用，引导海洋能技术向可持续、高效、可靠、低成本及环境友好的商业化应用方向发展，国际能源署(IEA)成立了海洋能源系统实施协议(Ocean Energy System - Implementation Agreement，OES-IA)，并制订了多个工作组计划。2016 年，印度、法国、欧盟加入了 OES，但澳大利亚暂时退出。OES 目前共有 25 个成员，印度尼西亚、哥斯达黎加等也正在申请加入该组织。2016 年 1 月，IEA 将 OES-IA 更名为 OES-TCP（Ocean Energy System-Technology Collaboration Programme），以使更为广泛的受众群能更直观地理解 IEA 能源实施协议的工作内容。

我国自 2011 年由国家海洋技术中心作为缔约机构加入 OES 以来，

为履行 OES 成员“海洋能系统信息回顾、交流与宣传”职责，定期发行《海洋可再生能源开发利用国内外动态》(季刊)，介绍国内外海洋能发展动态，2017 年 3 月，OES 成员国 2016 年年度报告正式出版(图 4-1)。

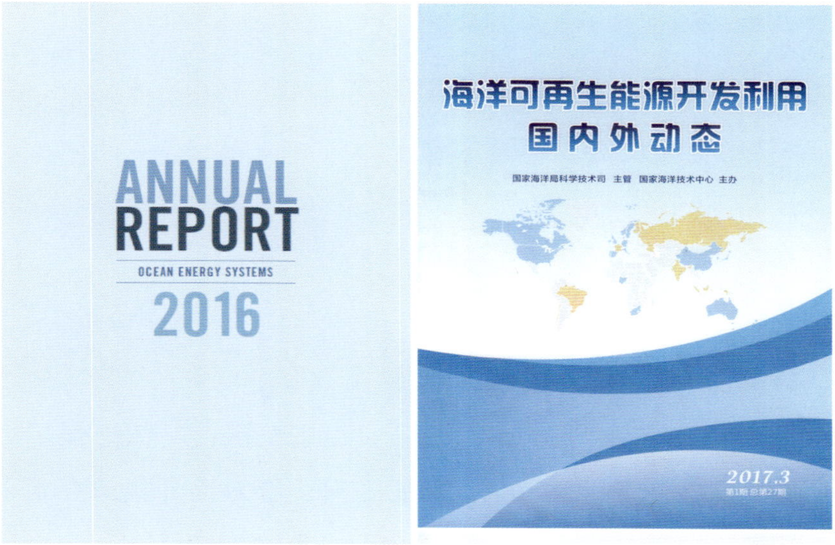

图 4-1　OES 成员国 2016 年年度报告及《海洋可再生能源开发利用国内外动态》(季刊)

二、IEA OES-TCP 执委会会议

为加强成员间海洋能国际合作、促进信息交流，OES 每年召开两次执委会会议，并十分重视与其他海洋能国际组织和相关的海洋能重大国际活动的沟通与合作。

(一)IEA OES-TCP 第 30 次执委会会议

2016 年 5 月 9—10 日，IEA OES-TCP 第 30 次执委会会议在瑞典哥德堡召开，有 14 个成员国的代表参会。会议以“下一个五年战略规划(2017—2022 年)”为主题，充分探讨了现有工作组进展情况及拟设立新工作组的主要任务、新的五年计划、OES 相关报告发布等议题。

(二)IEA OES-TCP 第 31 次执委会会议

2016 年 10 月 19—22 日，IEA OES-TCP 第 31 次执委会会议在新加坡南洋理工大学召开。共有来自中国、韩国、日本、葡萄牙、新加坡、西班牙、英国、美国等 15 个成员国的 22 名代表参会(图 4-2)。会议以“2017—2022 年战略规划”为主题，从远景、任务、价值观和成功因素等逐项审议了该规划中每个章节的大纲及内容。

图 4-2　IEA OES-TCP 第 31 次执委会参会代表

会议选举产生了新一届执委会主席及副主席，任期为 2017—2018 年。会议确定了两个新任务，即“波浪能数模验证”和“温差能资源调查与评价”。在“温差能资源调查与评价”任务中，设立了两个子课题。国家海洋技术中心代表中国牵头承担子课题“温差能潜在资源评价”，韩国承担了“OTEC 项目的现状与规划”。

(三)IEA OES-TCP 第 32 次执委会会议

2017 年 4 月 10—11 日，IEA OES-TCP 第 32 次执委会会议在摩纳哥召开，共有加拿大、中国、丹麦、欧盟、法国、德国、印度、爱尔兰、日本、墨西哥、摩纳哥、葡萄牙、西班牙、瑞典、英国、美国 16 个成员国和澳大利亚、智利 2 个观察员国的 27 名代表参会(图 4-3)，我国代表团共 3 人，包括国家海洋局科学技术司副司长辛红梅、时任国家海洋技术中心副主任夏登文、助理研究员王冀。摩纳哥公国国家元首阿尔贝二世亲王(HSH Prince Albert Ⅱ of Monaco)出席了本次会议并对各国代表的来访表示热烈欢迎。

图 4-3　IES OES-TCP 第 32 次执委会参会代表

2017 年作为 IEA OES-TCP 新的五年战略发展计划的起始年，本次执委会会议聚焦于“2017—2022 年战略规划”，重点讨论了新的五年 OES 行动纲领及面临的机遇。OES 作为权威的海洋能国际官方组织，将通过加强国际交流与合作，进一步推动环境友好型的海洋能技术向产业化发展。会议交流期间，正在开展的 9 个任务组依次对工作进展和取得的成果在会上进行了汇报。由国家海洋技术中心牵头承担的第 11 任务组子课题“温差能潜在资源评价”也向大会做了汇报。第 11 任务组将在 9 月底之前组织一次网络视频会议，进一步细化任务组工作方案，并得到了执委会 2 500 欧元的经费支持。

三、IEA OES-TCP 发布新版国际海洋能愿景

2017 年 3 月 8 日，IEA OES-TCP 发布了关于新版的国际海洋能愿景报告。总结了全球海洋能发展水平，并预测到 2050 年该领域将创造直接就业机会 68 万个，节省二氧化碳排放量 5 亿吨，总装机容量可超过 300 吉瓦，总投资将达 350 亿美元。

目前，多数海洋能技术仍处于概念和样机阶段，过去的 15 年该领

域的发展速度低于预期。然而，最近的测算表明，2030—2050 年，海上风能技术还将保持平稳的发展速度。目前，潮流能技术发展最为领先，其次是波浪能、温差能和盐差能。

报告指出海洋能发展的主要任务：①明确现有最先进的技术，②降低成本的同时提高性能和可靠性。技术发展的范围包括：结构，基础设施和锚系设施，动力输出和控制系统，阵列系统和水下连接，安装、运行维护和修复。技术发展面临的挑战包括：装置和系统布放，子系统和原件，设计优化和工具开发，商业布放等。

四、IEA OES-TCP 发布欧盟海洋能战略路线图

2016 年 11 月 8 日，OES 秘书组向欧盟委员会提交了“欧洲海洋能战略路线图”，指出欧洲海洋能领域未来的发展方向，随着欧洲海洋能技术的不断发展，足以满足欧洲未来 35 年巨大的能源需求。

欧洲海洋能技术和产业均处于世界领先地位。据欧洲海洋能产业协会估计，到 2050 年欧洲波浪能和潮流能发电装机容量将达 100 吉瓦。海洋能的发展将引进更多的投资和就业机会；减少欧洲对化石燃料的过度依赖；在向低碳经济转变以及气候变化的对抗中扮演重要角色；通过利用协同效应和知识传递充分整合蓝色经济附加值；解决偏远海岛高额电价问题。据估计，到 2020 年海洋能累计装机容量将达 850 兆瓦。

欧盟海洋能技术发展优先领域主要包括：试验和模型化，可靠性和生存性，安装和物流，发电和电网，行业标准化认证。波浪能：提高创新能力，到 2030 年建成大型波浪能发电场；潮流能：优先布放、集中研究，加强潮流能技术的竞争能力，巩固欧洲在全球的领先地位；潮汐能：支持环境方法的研究和示范，促进有利的政策框架，简化准许流程；温差能：输出欧洲的先进技术，改进海洋温差能转换系统（OTEC）的热交换器性能，提升材料和制造工艺，扩大电场规模；压差能：重点研究膜、堆栈、材料、预处理和系统设计，到 2030 年建成第一个大型电场。

海洋能开发和布放都面临诸多挑战，如金融，经济和市场（获得融

资，进入市场的能力等）、政治和管理、政策和环境（积极影响和消极影响）、社会（如公众接受度和资源冲突）。为克服这些难题，推进海洋能产业化进程，报告提出：海洋能高成本支出要求高预付资本的能力；创新项目固有的不确定性需要技术示范，降低风险和成本；利用有限的潜在投资者来为现有海洋能市场融合资金；需要规划和许可框架，为行业、监管者和利益相关者提供信心；重组电力供应商和用户间的输电网络，降低并网成本。

第二节　国际电工委员会

一、IEC/TC 114 简介

国际电工委员会（International Electrotechnical Commission，IEC）成立于1906年，是全球成立最早的国际性电工标准化机构，负责有关电气工程和电子工程领域中的国际标准化工作。2007年，波浪能、潮流能和其他水流能转换设备技术委员会（IEC/TC 114）成立，负责为海洋能量转换系统制定国际标准，标准化的范围重点集中在将波浪能、潮流能和其他水流能转换成电能，也包括其他的转换方法、系统和产品。目前，IEC/TC 114有15个成员，11个观察员。

二、IEC/TC 114 进展

2017年3月13—17日，IEC/TC 114 2017年全体会议在西班牙马德里理工大学召开，共有来自12个成员国的42名代表参会，我国由哈尔滨电机厂、国家海洋技术中心、中国科学院广州能源研究所等单位派出的5人代表团参加此次会议（图4-4）。

会上，代表们共同商讨了海洋能转换设备技术的国际标准，参与了术语标准、海洋能系统的设计要求标准的修订意见分析，潮流能系统的规模测试、海洋温差能转换系统（OTEC）的设计评估导则、波浪能、潮流能和其他水流能转换设备的电力质量要求标准制定的研讨等事项。下一次年会将于2018年3月19—23日在美国西雅图召开。

图 4-4　IEC/TC 114 2017 年年会

第三节　海洋能双边合作

一、中国-英国海洋能合作

2016 年 5 月 9 日，青岛华通国有资本运营(集团)有限责任公司、DNV GL(挪威船级社德国劳式船级社集团)、中国海洋工程咨询协会海洋能分会在山东青岛共同主办了“中英海洋能技术交流会”(图 4-5)，这是继在 2016 年 4 月青岛代表团访英期间举办的“中英地方经贸合作青岛论坛”上青岛华通集团与 DNV GL 能源部就在海洋能开发领域等方面的合作签订了谅解备忘录之后双方的进一步合作。

此次交流会的主题是“从英国/欧洲的视角看波浪能和潮流能的发展”，国家海洋技术中心、青岛市发改委等政府部门，中国科学院海洋研究所、中国科学院青岛生物能源与过程研究所等科研机构，上海交通大学、浙江大学、山东大学等高等院校，南方电网综合能源有限公司、青岛华通能源投资公司等企业以及英国大使馆、英国 Tidal

Harness Ltd 公司、澳大利亚波浪能开发公司和 DNV GL 等 50 余家代表出席了交流会。

图 4-5　中英海洋能技术交流会

2016 年 12 月 6—8 日，海洋国家实验室组织召开了 2016 年第 15 期鳌山论坛“海洋可持续能源应用与推广研究”研讨会(图 4-6)。欧洲海洋能源中心(EMEC)总经理 Neil Kermode 和中国海洋大学教授史宏达担任本次论坛执行主席。来自国内外高校、科研单位和政府机构的 60 余位专家学者参加会议。

图 4-6　海洋可持续能源应用与推广研究

与会专家针对未来海洋能开发进行了专题政策与技术研讨，详细交流了海洋可持续能源的应用和推广经验，深入探讨了海洋能发展规划和产业化应用的途径。

二、中国-西班牙海洋能合作

2017 年 3 月 27—31 日，国家海洋技术中心与中国科学院广州能源研究所相关人员组团赴西班牙毕尔巴鄂参加毕尔巴鄂海洋能源周活动，并与西班牙 BIMEP 试验场相关负责人就鹰式波浪能装置在 BIMEP 试验的可行性进行了技术交流(图 4-7)。

图 4-7　中国-西班牙海洋能技术测试交流

此次出访是在国家海洋技术中心与西班牙 TECHNALIA 2013 年签署的《国家海洋技术中心与泰克娜拉研究与创新公司合作备忘录》基础上，就海洋可再生能源技术进行的合作交流，有助于推动落实海洋能“十三五”规划中技术输出与测试愿景。通过双方海洋能开发利用交流以及专题技术交流，双方就鹰式装置在西班牙试验场海试的具体细节问题进行了深入讨论，并达成了初步的合作意向。

第五章　重大海洋能活动

第一节　国内重大海洋能活动

一、中国海洋可再生能源发展年会

2016 年 5 月 6—7 日，在中国海洋学会和中国海洋工程咨询协会的支持下，第五届中国海洋可再生能源发展年会(图 5-1)在浙江舟山成功召开，会议由国家海洋技术中心和国家海洋局海洋可再生能源开发利用管理中心主办，浙江大学海洋研究院承办。时任国家海洋局副局长陈连增到会并发表重要讲话。

图 5-1　第五届中国海洋可再生能源发展年会

2016 年正值我国“十三五”规划开局之年，本届年会围绕“提高装备技术成熟度、推进海洋能应用示范”主题，设置了中外海洋能技术及装备、海洋能应用、海洋能经验交流三个主题板块。与会专家学者就我国海洋能领域的政策规划、技术装备、示范应用、公共服务等方面的热点问题进行了交流和讨论。来自国家海洋局、中国科学院、浙江大学、舟山市政府等单位及相关机构和企业的代表共 270 余人参加了会议。

2017 年 5 月 25—26 日，第六届中国海洋可再生能源发展年会暨论坛在广东珠海召开(图 5-2)，会议由国家海洋技术中心主办，中国海洋工程咨询协会海洋可再生能源分会、中国科学院广州能源研究所、广东省海洋工程装备技术研究所承办。中国海洋工程咨询协会会长周茂平，珠海市人民政府副市长刘嘉文出席会议并致辞，国家海洋局科学技术司司长曲探宙代表国家海洋局副局长林山青到会讲话。

图 5-2　第六届中国海洋可再生能源发展年会

会议围绕“创新与超越——中国海洋能发展新机遇”主题，设置了潮汐能及潮流能开发利用、波浪能及其综合利用、“一带一路”与国际合作三个主题板块。来自国家海洋局、国家发展和改革委员会能源研究所、杭州林东新能源科技股份有限公司的嘉宾做了精彩的主旨报告。共有 200 余位与会专家和学者就我国海洋能政策规划、海洋可再生能源与“一带一路”战略规划、技术研发、示范应用、行业管理、国际合作及公共服务建设等方面的热点问题进行了交流和讨论。

二、上海国际海洋技术与工程设备展览会

2016 年 11 月 9—11 日，第四届上海国际海洋技术与工程设备展览会(OI China)在上海跨国采购会展中心举办(图 5-3)。此次展会得到了中国海洋学会、中国大洋矿产资源研究开发协会和国家海洋技术中心的支持，由励展博览集团与中国海洋学会海洋观测技术分会承办。

图 5-3　上海国际海洋技术与工程设备展览会 2016 战略及论坛

OI China 2016 汇聚了国内外顶尖技术与装备，搭建起国内外贸易与信息交流平台，吸引了来自 20 余个国家和地区的近 200 家供应商参展。与展会同期举办的 OI China 2016 上海国际海洋技术高峰论坛暨 OI China 会议论坛邀请了 36 位国内外专家发表主题演讲。

第五届上海国际海洋技术与工程设备展览会将于 2017 年 11 月 1—3 日在青岛黄岛东亚会展中心举办。

第二节　国际重大海洋能活动

一、亚洲波浪能和潮流能大会

亚洲波浪能与潮流能大会(Asian Wave and Tidal Energy Conference, AWTEC)，是在 EWTEC 组织框架下专门为亚洲地区打造的区域性国际技术和科学的会议，专注于波浪能和潮流能。目的是促进区域性国家间分享彼此在海洋能领域的经验和知识，共同培育海洋可再生能源产业。首届 AWTEC 于 2012 年举办，此后每两年举办一次。第四届 AWTEC 将于 2018 年在我国台湾地区举行。

2016 年 10 月 23—29 日，国家海洋技术中心、国家海洋局第一海洋研究所组团赴新加坡参加了由新加坡南洋理工大学主办的第三届亚洲波浪能与潮流能技术研讨会（AWTEC 2016）（图 5-4）。此次会议由新加坡南洋理工大学承办，来自亚洲的中国、日本、韩国、新加坡、马来西亚、越南、中国香港特别行政区、中国台湾省以及英国、美国、加拿大、丹麦、瑞典、澳大利亚等 20 多个国家和地区的近 400 名代表参加了此次大会。

图 5-4　AWTEC 2016 会议交流

大会由主旨报告和技术分论坛两部分组成。主旨报告由大会主席团及技术委员会的 30 名特邀专家就波浪能和潮流能的国际发展形势、技术与产业支持政策、对可再生能源的贡献以及亚洲在海洋能方面的发展前景与未来等作了专题阐述；技术分论坛分成潮流能装置与技术、波浪能系统、数值模型与资源评估、经济政策与环境 4 个分会场交流了 150 个技术报告，涉及潮流能设备与技术、潮流能模型、潮流能设备组件和技术、波浪能模型、波浪能设备模型和测试、波浪能系统、波浪能转换、数值模拟、资源评估、技术-经济政策及环境的考虑、近岸可再生能源和材料、试验场和海洋能阵列、海洋可再生能源发展过程以及海洋环境测量与仪器共 14 个方面的议题。会议期间，同时举办了亚洲清洁能源展览以及海洋能技术参观等活动。

二、联合国海洋空间规划国际会议

2017 年 3 月 15—17 日，联合国教科文组织政府间海洋学委员会在巴黎总部召开了第二届海洋空间规划国际会议，吸引了超过 40 个国家的海洋空间规划专家参加(图 5-5)。

图 5-5　第二届海洋空间规划国际会议大会交流

会上，我国代表团与塞舌尔、瑞典、比利时、韩国、塞浦路斯、法国、阿尔及利亚、意大利、孟加拉国和菲律宾等 10 多个国家进行了海洋管理领域交流，为寻求潜在合作奠定基础。意大利、孟加拉国和阿尔及利亚等国科学家提出了与我国开展海洋空间规划合作的诉求。

附　　录

OES 2016 年进展综述

2017 年 3 月，OES 发布了 2016 年年度报告，全面总结了 OES 2015 年取得的主要成绩，并邀请国际海洋能测试机构人士就相关热点问题进行了交流和展望。

第一节　OES 2016 年合作项目进展

OES 自成立以来主要支持开展两类合作项目——长期项目和短期项目。其中，长期项目即 OES 工作组，由对某一海洋能研究主题感兴趣的代表国参与，有 3 个以上代表国同意某项提议并提供经费，就可以设立一个新的长期项目(一般为 3 年，合作项目 2 与合作项目 3 已经完成)；短期项目一般由 OES 基金给予支持，由某一代表国准备相关提议，经过 3~4 个代表国评估和投票后就可以设立一个新的短期项目，可以由 OES 外部专家参与短期项目研究。

2016 年，OES 支持的合作项目主要包括以下几个。

一、合作项目 1：(第一工作组)信息收集与宣传

该合作项目致力于制作高质量的信息产品以及建立有效的沟通机制，为决策层和其他利益相关方提供足够的、准确的信息。

(一)交流活动

(1)采用 OES 官网和内网相结合的方式进行宣传。

(2)通过领英(LinkedIn)、推特(Twitter)、谷歌 Youtobe 等新媒体推介海洋能新闻和视频宣传资料。

(3) OES 年度报告已成为 OES 标志性成果以及海洋能行业发展重要标志，见：http：//report2016. ocean-energy-systems. org/。

(4) 每半年发布一个公告，将执委会会议上各国代表交流的最新信息公开发布。

(二) 参加的相关活动

2016 年，OES 主要参加了智利、哥伦比亚、阿根廷等国举办的海洋能国际活动。

2016 年 10 月，在哥伦比亚参加了第一届海洋能及河流能新技术国际代表大会(http：//www. cintecmar. com/index. php/en/)。

2016 年 11 月 16—18 日，在智利参加了 Austral 大学主办的第二届波浪能和潮流能会议(http：//www. waveandtidal. cl/)。

2016 年 11 月 23—24 日，在阿根廷参加了第二届海洋能国际研讨会(http：//www. siemar. com. ar/)。

2016 年 OES 参加的国际海洋能活动见附表 1。

附表 1　2016 年 OES 参加的国际海洋能活动

时间	地点	活动
2016 年 2 月	英国爱丁堡	ICOE 2016
2016 年 2 月	英国爱丁堡	海洋能论坛
2016 年 2 月	印度尼西亚巴厘岛	巴厘岛清洁能源论坛
2016 年 4 月	美国华盛顿	国际海洋可再生能源会议（IMREC）
2016 年 6 月	法国巴黎	海洋能论坛
2016 年 6 月	比利时布鲁塞尔	MARIBE 咨询会
2016 年 9 月	哥伦比亚巴兰基利亚	第一届海洋能及河流能新技术国际代表大会
2016 年 10 月	荷兰代夫特	第四届国际温差能专题研讨会
2016 年 10 月	新加坡	AWTEC 2016
2016 年 11 月	智利瓦尔迪维亚	第二届波浪能和潮流能会议
2016 年 11 月	阿根廷布宜诺斯艾利斯	第二届海洋能国际研讨会
2016 年 11 月	比利时布鲁塞尔	海洋能论坛

(三) 与 ICOE 加强联系

自 2006 年起，OES 执委会就与 ICOE 建立了紧密联系。作为真正意义上的全球海洋能会议，ICOE 每两年举办一次，聚焦于海洋能行业发展。OES 主席或副主席同时作为 ICOE 指导委员会成员。在每次 ICOE 大会上，OES 组织并提供“学生海报奖”，为参会的最优秀海报作者颁发现金奖励。在 ICOE 2016 上，经过国际专家评审，OES 向 3 名学生提供了 3 000 欧元奖金。

二、合作项目 4：（第四工作组）环境影响评价与监测

实施时间：第一期为 2010—2013 年；第二期为 2013—2016 年；第三期为 2016—2020 年。

负责机构：美国能源部。

合作机构：美国海洋能管理局，美国国家海洋与大气管理局。

技术支持：美国西北太平洋国家实验室。

参与国：加拿大、中国、丹麦、爱尔兰、日本、新西兰、挪威、葡萄牙、南非、西班牙、瑞典、英国、美国。

（1）数据库更新——Tethys 数据库于 2016 年新增了 4 个海洋能电站和 2 个研发项目的数据，更新了 11 个海洋能电站和 6 个研发项目的数据。目前数据库总计有 84 个海洋能电站和 58 个研发项目的数据。

（2）召开及参加研讨会——2016 年 2 月 22 日在爱丁堡参加了由英国高地与群岛大学主办的研讨会，相关研究报告见 https://tethys.pnnl.gov/sites/default/files/publications/Collision_Risk_Workshop_Final_Report.pdf。2016 年 9 月 21 日在美国波特兰参加了太平洋区域海洋可再生能源环境管理研讨会，相关研究报告见 https://tethys.pnnl.gov/events/annex-iv-workshop-pacific-region-marine-renewables-environmental-regulatory。

（3）举办 4 次网络研讨会——分别于 2016 年 1 月、3 月、5 月、7 月召开了适应性管理、生物污损等相关问题的网络研讨会，每次有 53~85名专家参与。相关报告和讨论见 http://tethys.pnnl.gov/mhk-environmental-webinars。

（4）发布《2016 年科学研究报告》——2016 年 4 月，发布了第四工作组《2016 年科学研究报告》。相关报告见 https://tethys.pnnl.gov/publications/state-of-the-science-2016。

三、合作项目5：（第五工作组）海洋能装置信息与经验交流

实施时间：2012—2016年。

负责机构：美国国家可再生能源实验室。

参与国：所有成员国。

2016年5月12日，在瑞典主办了第五工作组研讨会，参会各国代表交流了目前实施的海洋能政策和支持措施的相关经验，并针对下列4个问题达成了初步共识。

（1）从已实施的海洋能政策来看，哪些有效，哪些无效？——“哪些资助政策灵活、与产业部门紧密联系的国家，其海洋能政策较为有效”；“哪些对于海洋能技术成本及时间过于乐观的地区，海洋能政策效果较差，对项目的期许过高导致失败，但目前这些成功的和失败的经验并未公开分享”。

（2）建议在哪些方面对现有政策提出改进？——“应视海洋能技术发展水平的不同，制定不同的资助政策和时间表，应尽可能给予研究团队持续资助，保持研究的稳定性”；“应当尽可能地一步一步地实现技术发展，分阶段给予研发资助”。

（3）建议采取哪些新方法？——“海洋能项目设置时，从中长期来看仍需对研发给予重点关注”；“海洋能项目用海实施一站式审批”；“加强交流、合作以及数据共享，应对技术和制造等方面的挑战”。

四、合作项目6：全球海洋能 Web GIS 数据库

实施时间：2013年至今（持续）。

负责机构：德国夫琅和费研究所。

参与国：所有成员国。

目前已完成数据库开发，在一个全球地图上显示海洋能装置、资源、基础设施和基本地理等信息。能够显示任意提供的组合信息，用户可以通过地图进行缩放和移动，选择海洋能项目相关信息，并根据需求下载或打印。数据库信息持续更新。该数据库详见：http：//

www. ocean-energy-systems. org/oes-projects/。

五、合作项目 7：海洋能成本评估

实施时间：2014—2015 年。

负责机构：英国爱丁堡大学

参与国：所有成员国。

该项目已完成，并于 2015 年 5 月发布了“海洋能技术成本分析研究报告”。报告认为，当前波浪能与潮流能发电项目建造成本大约为 1 万美元/千瓦，到 2020 年有望下降到 5 000 美元/千瓦。为了确认和验证报告的成本下降预测模型，还需要更多的海洋能示范运行数据。详见：http：//www. ocean-energy-systems. org/oes-projects/。

六、合作项目 8：海洋能审批过程

实施时间：2014—2017 年。

负责机构：葡萄牙 Wav EC。

顾问机构：爱尔兰海洋可再生能源中心。

参与国：所有成员国。

2016 年 7 月，该项目正式发布了“海洋能项目准许过程”报告，详见：http：//www. ocean-energy-systems. org/oes-projects/。报告以加拿大、中国、丹麦、德国、爱尔兰、墨西哥、摩纳哥、尼日利亚、挪威、葡萄牙、南非、西班牙、瑞典、英国、美国等 OES 成员国的海洋能项目准许过程相关政策为研究对象，在分析了各国海洋能项目用海审批仍面临诸多挑战等问题的基础上，提出了“明确或建立统一的海洋能项目用海审批部门，精简审批流程”“加强环境影响评估和监测”“探索测试场预先完成审批、装置直接进场测试的预审批模式”“制定标准的审批流程指导文件”等建议。

七、合作项目 9：国际海洋能技术路线图

实施时间：2015—2016 年。

负责机构：英国爱丁堡大学。

参与国：所有成员国。

2016年，通过对200多个海洋能相关机构的调查以及60多位专家访谈，总结发布了《国际海洋能技术：与其他行业加强合作》报告，对潜在的技术和知识转让机遇做了总结。

(1)加强海洋能宣传，不局限于传统海洋部门。

(2)加强产业链相关行业的联合。

(3)共享相关数据。

(4)为海洋能研发机构与大型工业公司的沟通提供机会，以降低投入风险。

(5)拓展海洋能相关基金的支持范围，鼓励行业联合投标。

相关研究成果形成了“国际海洋能愿景”手册，由OES于2017年年初发布。

八、合作项目10：波浪能发电模拟验证

项目于2016年启动，旨在对波浪能发电装置设计所用的数值模型和发电量计算等进行研制。

(1)评估数值模型的精确度，提高使用者信心。

(2)验证现有的计算模拟工具。

(3)识别模拟方法的各种不确定度以降低技术研发的风险，提高波浪能装置能量俘获的预估，提高负载预估，降低LCOE模型的不确定度。

(4)找出校验不同数值模型的研究方法。

2016年9月15日，在荷兰阿姆斯特丹召开了启动会，共有来自加拿大、丹麦、法国、荷兰、葡萄牙、西班牙、瑞典、英国、爱尔兰、美国10个国家16个组织的18名代表(其中5名代表通过网络参加)参会。会议决定从最简单的1自由度浮球分析开始，后续将开展圆柱体、OWC气室等分析。2017年分别开展波浪能装置数值模型分析及试验对比方法、模型研发、水池试验等工作。

九、合作项目11：温差能技术

参与国：中国、法国、印度、韩国、日本、墨西哥、摩纳哥、尼

日利亚、新加坡。

近年来，美国、法国、韩国、日本等国家已开展了 1~10 兆瓦温差能示范项目。2014 年，法国 DCNS 从欧盟 NER300 计划获取了 7 200 万欧元的资助，用于在法属马提尼克岛建设 10 兆瓦温差能示范电站，计划 2018 年建成。温差能电站的规模经济效益明显，一个 10 兆瓦电站的发电成本可降至 200 美元/兆瓦时，而一个 100 兆瓦电站的发电成本仅为 100 美元/兆瓦时，但其投入成本高达 3 亿美元以上。1 兆瓦的电站发电成本据测算为 300~400 美元/兆瓦时，但考虑到其综合利用，成本可降至 200 美元/兆瓦时左右。

该项目下设两个工作组，分别由中国牵头开展全球温差能资源评估，由韩国牵头开展温差能电站和计划统计分析。

第二节　国际海洋能测试场访谈

OES 就全球海洋能测试场发展情况、信息及经验共享等话题，对 OLIVER WRAGG（英国 EMEC 商业主管）、TONY WRIGHT（加拿大 FORCE 总经理）、SAMANTHA QUINN（美国 NNMREC 业务经理）、YAGO TORRE-ENCISO（西班牙 BIMEP 技术主管）、TAKAAKI MORITA（日本长崎县海洋产业发展处处长）等进行了专题访问。

一、英国 EMEC

建设欧洲海洋能中心（EMEC）的动机和驱动力是什么？中心的发展历经了哪些重要事件？迄今为止，中心创建与运营的资金（公共和私人）投入量是多少？

欧洲海洋能中心（EMEC）于 2003 年创建，该中心是全球第一家，也是唯一一家为波浪能和潮流能转换器研发机构提供认证服务的海洋测试中心。EMEC 的建立同时加速了波浪能和潮流能技术的开发，并且拉动了沿海地区的经济发展。

由于苏格兰奥克尼群岛水域拥有丰富的波浪能和潮流能资源，加之当地雄厚的能源、环境及海洋技术力量，2001 年，英国下议院科技委员会建议，该地区应作为欧洲海洋能中心基地的理想选择。2004年，位于 Billa Croo 的波浪能试验场对外提供服务，实施了全球首个并网的浮式波浪能发电设备——Pelamis P1 的测试。2006 年，位于 Fall of Warness 的潮流能试验场开始提供服务，两年后，在该试验场测试的 OpenHydro 成为向英国电网供电的第一台潮流能涡轮发电机。历经 13 年的建设，EMEC 已发展成为拥有 9 个国家的 17 个波浪能和潮流能客户(共有 27 台海洋能发电装备)的测试中心。

迄今为止，EMEC 已经获得 3 600 万欧元的公共投资，这些投资来自当地的、区域性、国家性和欧盟等，例如，奥克尼群岛议会、高地与岛屿企业、苏格兰政府、英国政府、欧洲地区发展基金等。2011 年起，EMEC 实现了持续的财务独立。

测试场有助于验证那些应用在富有挑战性海洋环境下的技术。那么，EMEC 对海洋能装置研发机构以及地方/区域建设还发挥了哪些作用？

中心发挥的作用非常广泛，一时很难决定从何说起。从技术研发机构的角度看，EMEC 的主要作用体现在排除了海洋能装置海试的一些障碍，特别是有关用海审批、监测数据获取、相关利益方的参与以及电网保障等方面的障碍。由于 EMEC 是一个独立授权的测试与验证中心，因此，在确保测试结果独立性、功率特性的性能验证以及其他关键技术要求的基础上，技术研发机构还能利用 EMEC 取得更大成效。这些试验报告有助于确保未来用于推动实现技术商业化的融资与投资，同时，有助于实施认证以及降低海试保险费用。

EMEC 还为行业提供了窗口展示。每年，中心要接待来自世界各地的政府机构、投资机构、研究组织、公共事业以及供应链企业的 300 多人参观合作。

对于地方和区域集团而言，测试中心可以成为促进新型高价值、高技能产业发展、为沿海偏远地区创造就业机会并推动其经济前行的催化剂。由于这些集团已经具备了支持海洋能开发的大部分必备技能，如渔民获取的海上作业知识，因此，测试中心显得尤为重要。同时，测试中心为渔民、轮渡以及其他海上用户等这些当地的利益相关方提供了试验区，有利于直接观测海洋能对其作业环境造成有限影响。结合背景分析 EMEC 的经济影响，依据高地与岛屿企业授权进行的经济效应评估，自 2003 年创建以来，EMEC 已经为英国经济创造了 2.496 亿欧元的总产值、3801 个全时工作年(FTE)，相当于为英国经济 10 年间提供了 380 个永久性工作岗位，其中 149 个工作岗位位于奥克尼群岛。

对整个海洋能而言，测试场在行业国际知名度建设方面能否发挥作用？是否还存在改善空间，对此有哪些建议？

EMEC 始终把作为全球而非仅仅是英国的海洋能展示窗口视为其关键成效之一。从根本上来说，只有通过海洋能装置布放才能实现技术验证，正如 EMEC 总裁所言，我们需要"让设备下水"。因此，在各种会议、公开活动以及网站上，我们都能看到在水中进行技术测试的图片与影像。根据每年 EMEC 的访问量，可以明确得出结论：眼见为实。

如何与客户和创新合作伙伴实现通力合作，是 EMEC 致力于改善的一个方面。我们注意到，我们更多的是通过实际案例帮助中小型企业向大众推广其业务工作。2014 年，EMEC 举办了"欧洲海洋能源日"，我们承办了开幕式活动，并接待了多个欧盟委员会成员国。测试中心的一个重要作用是能够向主要利益相关方传递有关现实挑战与机遇的信息。EMEC 希望能够重现"2014 欧洲海洋能源日"的成功，并确信，全球其他测试中心与其相关公众利益相关方的积极合作对于展示海洋能的兴盛具有重要意义。

全球已建成了几个测试中心，如何评价这些测试中心之间实现知识共享的可能性？除了不便披露的技术细节外，可以共享哪些信息以支撑行业发展？

EMEC 的愿景是创建全球成功的海洋能源产业，这无疑需要基于知识共享与合作。为此，EMEC 积极引领推动国际测试中心之间的协调，特别是通过创建国际波浪能和潮流能试验场(International WATERS)，集合了全球先进的以及正在开发中的海上测试场。过去三年，International WATERS 已举行了三次会晤，未来的活动正处于规划中，建设目标是共享各个测试中心的经验，以便汲取教训，形成合作。作为全球第一个海洋能测试中心，EMEC经历了一个长期的学习过程，并希望通过分享经验教训以帮助其他测试中心，从而减少重复性工作和任何重复性错误。

就重点任务而言，EMEC始终认为实现测试与标准领域的合作大有裨益。海洋能设备具有一致性。经过时间的推移，波浪能和潮流能技术会在数十个国家中开发自己的市场，EMEC希望，对于其技术开发商与本地或海外的最终客户而言，这个过程能够尽可能的简单。我们希望，通过EMEC认证的波浪能或潮流能设备能够在各国立即投放市场，无须昂贵且耗时的二次认证。

实现该目标的关键是建立全球通用标准。这便是10多年来EMEC一直处于制定国际标准前沿的原因，EMEC已经制定了12个行业准则，其中6个当前正作为首批海洋能国际标准的基础，经过扩展可成为国际海洋能技术规范。

我认为，制定一个性能与资源评估的标准方法至关重要。如果在英国发明且在EMEC得以发展的技术发展成全球化产品，那么，每个国际测试中心务必使用相同的通用标准，以便投资方能够比对各中心的测试结果。全球试验场网络的建立将形成一个具有海洋能产业通用标准与方法的利益共同体。基于全球经验制定的通用标准，有助于加速波浪能与潮流能技术的布放。

每个国家都有自己独特的物质条件与政治条件，与单独解决问题相比，同时探索这些挑战会推动海洋能技术更加快速地开拓最佳利基市场。

FORESEA计划（战略性欧洲行动计划下设的海洋可再生能源基金）通过促成不同试验场之间的合作，促进了海洋能技术的共同进步。EMEC、爱尔兰Smart Bay、法国SEMREV、荷兰TTC潮流能测试中心以及比利时OEE联合起来，为海洋能技术研发机构提供专用的海上测试条件保障。FORESEA项目使得我们能够直接看到各个测试场如何通过合作来促进海洋能行业的发展。另一个合作与知识共享的范例是Marinet计划，目前，已开始实施Marinet 2计划。

是否愿意分享EMEC的运行经验教训？支出费用是否合理地保持

在预算范围内，是否出现了不可预见的重大挑战？

我们在 EMEC 发展过程中，汲取了许多重大经验教训，如规划调查数据的重要性、设计与建造的承包战略、资产的委托与移交等。另外，使用多种不同技术安装电缆（转盘式船舶、驳船和动力定位船舶）。维护试验基础设施以及满足客户要求的关键在于运营管理。EMEC 的运营团队在客户测试时全程提供试验场进出、数据收集以及电力系统等支持。

海洋能行业在发展过程中，无法完全了解海洋能装置与布放海域环境之间的相互影响，相关研究工作对于行业的未来发展至关重要。对于 EMEC 而言，务必确保在试验场实施的环境监控受到专家意见的指导。需要研究试验场的主要环境敏感度，评估波浪能和潮流能装置对环境造成负面影响的几率。EMEC 从发展初期便认识到，需要开发建设一套符合国际标准的健康与安全管理体系。同时，EMEC 还认识到需要进行示范性环境管理。随着 EMEC 发展到数据收集，试验数据及其他数据的处理和报告的能力建设阶段，对质量评估管理的需求变得更加突出，因此，研发了 EMEC 综合管理体系（IMS）。

EMEC 在海洋能行业内运营了 14 年，已经目睹了业内的许多变革。最大的挑战便是始终顺应行业需求——随着时间的推移，试验场、设备和系统必须根据需求进行重新配置，这才能保证我们始终处于创新的前沿。从波浪能行业的角度来看，我们认为有必要在 TRLs 初期阶段协助技术开发商，例如，我们与 CorPower 合作的 Horizon 2020 Wave Boost 项目。我们必须始终保持科学而谨慎的规划、加强项目管理，敏锐地关注未来发展需求。

然而，最具价值的经验教训来自那些正在测试其设备的企业，其实海况试验的价值对所有技术的发展历程都至关重要。只有实海况下的性能验证才能真正推动项目实现商业化。经过海上测试验证后的性能数据会持续增强投资方的信心，并有助于将海洋能技术引入全球清洁能源市场。

二、加拿大 FORCE

建设 FORCE 的动机和驱动力是什么？FORCE 发展过程中有哪些

重要事件？迄今为止，FORCE创建与运营的资金(公共和私人)投入是多少？

作为潮流能技术试验场，FORCE旨在评估潮流能是否能为新斯科舍省能源供应发挥重要作用。新斯科舍省具有建设FORCE的强大动机：高达75%的电力供应依靠进口化石燃料。

FORCE由加拿大政府、新斯科特省和Encana公司共同出资创建。迄今为止，FORCE已获得加拿大政府提供的2 500万加元，新斯科舍省政府投入1 100万加元。此外，FORCE"泊位共建方"公司向FORCE一次性提供了100万加元，后续将继续支付泊位费，以应对日常运行、研究与监测等。

(1)2009年，FORCE通过了环境评估审批，并于当年布放了加拿大首台潮流能涡轮机。

(2)2011年，FORCE完成了岸上设施建设；2012年，建设完成岸上变电所；2013年，完成海底数据电缆安装；2014年，完成4条海底电力电缆安装。2016年11月，Cape Sharp潮流能公司布放了首台2兆瓦并网装置。

测试场有助于验证那些应用在极具挑战性海洋环境下的技术。那么，FORCE对海洋能技术研发机构以及地方发展还发挥了哪些作用？

对于新斯科舍省而言，潮流能为其带来了清洁电力。FORCE项目为当地创造了诸多经济效益：研究、建筑、接待等。FORCE项目已经与300多个供应商进行了合作，其中90%都来自加拿大。

FORCE游客中心同时提供了一种生态旅游的机会。自2011年起，FORCE已经接待了24 000多名游客。作为测试中心，FORCE通过提供基础设施与现场环境评估审批，为技术研发机构提供了较低成本的测试。对于其他学科来说，FORCE项目的建设一方面加深了对芬迪湾海域物理与生物特性方面的了解，同时，也为声学和光学仪器提供了高流速测试场。

对于海洋能行业而言，测试场是否有助于提高海洋能的国际影响力？在这方面是否还存在改进空间，有哪些建议呢？

测试场在基础设施、供应链、研究、监测以及参与合作等方面的机遇都展示出其提高海洋能国际影响力的效率与效果，仍有潜力提升行业的总体知名度。

全球已建成了几个测试场，如何评价这些测试场之间知识共享的可能性？除了技术特定细节外，可以共享哪些信息以支撑行业发展？

测试场（特别是在早期阶段）必须相互合作。FORCE 与 EMEC 保持着长期的合作关系。目前，我们正在大西洋两岸共同研究海上涂料腐蚀与水下状态差异等问题，这项合作为相互借鉴经验、共享资源以及创新扶持提供了可能。或许最重要的信息共享应该是对于潜在环境影响的理解与应对。为确保公共支持与监管保障，所有测试场必须以面向不确定性、监测以及成果共享等为目标。如装置布放、锚泊、运维、并网等方面也将受益于标准化作业与最佳实践共享的做法，但同时，也要注意保护知识产权。

是否愿意分享测试中心运作中的任何关键经验教训？中心支出费用是否合理地保持在预算范围内，是否出现了任何不可预见的重大挑战？

FORCE 出现了许多富有挑战性的问题。潮流的极高流速问题首当其冲。我们已经尽量在预算范围内开展相关设施的建设，但这要求在有关认知与规避海洋操作风险方面有着非常积极的进展。风险越小越好，但是每个操作均要求安全性与冗余性，即花费大量时间反复进行水中试验以了解各种可能性。从理论上说，培养出一批能够频繁且反复合作的海洋供应商是最好的。参与度是另一个主要问题。虽然我们竭尽全力构建业务区域范围内的合作关系，但是，项目仍面临着约 100 千米外的渔民提请的法律问题。因此，必须有更广泛的涉海集团定期全面地参与到项目发展的各个阶段，除分享项目特定信息外，还要关注各种问题。对于行业而言，渔民、原住民以及与海洋体系保持长久关系的其他利益集团不应只在初期阶段参与，而应全程实际参与。

如前所述，必须尽力收集、分析以及共享各种环境影响相关数据。海洋能技术要想实现更大规模的发展，必须要向公众和监管机构提供更有说服力的依据。

三、美国 NNMREC

NNMREC 的使命是增进海洋可再生能源技术知识，支持海洋能技术布放应用。

建设 NNMREC 的动机和驱动力是什么？中心的发展历经了哪些重要事件？迄今为止，中心创建与运营的资金（公共和私人）投入是多少？

2008 年，美国能源部投入 625 万美元创建了具有多元化研究与测试目标的国家西北海洋可再生能源中心（NNMREC），负责研建海洋能综合测试设施。NNMREC 及其太平洋海洋能源中心（PMEC），致力于推动海洋能尤其是波浪能技术的发展。

2012 年，DOE 拨款 400 万美元在俄勒冈州纽波特建设深水测试场——PMEC SETS（南部能源试验场）。2015 年和 2016 年，联邦与非联邦机构又投入了 1 100 万美元，用于 PMEC SETS 的建设。

2016 年，NNMREC 获得了 DOE 4 000 万美元拨款用于完成 PMEC SETS 的建设。该试验场将建成 4 个并网测试泊位，可同时测试 20 个波浪能发电装置，总并网能力达 20 兆瓦。该试验场有助于技术研发人员应对开放海域测试的种种挑战。

测试场有助于验证那些应用在极具挑战性海洋环境下的技术。那么，NNMREC 对海洋能技术研发机构以及地方发展还发挥了哪些作用？

NNMREC 与 PMEC 提供了一系列专业技术支持，同时，我们还切实与当地建立了稳固的合作关系。目前，PECT SETS 仍处于建设阶段，我们非常需要这种共生关系以获取综合专业支持。PECT SETS 的创建将为海洋能技术研发机构与当地的工程公司、船务公司、港口运营商、潜水员、渔民等建立合作关系提供很好的机会。同时，PECT SETS 的建设还将为当地创造更多潜在的工作机会。

对于海洋能行业而言，测试场是否有助于提高海洋能的国际影响力？在这方面是否还存在改进空间，有哪些建议？

目前，全球仅有几个具有海上测试能力的测试场，外界对于那些波浪能实验室知之甚少。通过建设更多的实验设施，可为全球海洋能技术研发人员提供更多在实海况试验的机会，海洋能行业将会比预期更早地实现较大提升，并且有机会更早地实现商业化。

NNMREC 和 PMEC 目前接到了大量关于海洋能与测试设施方面的咨询，充分说明了试验场对海洋能行业的重要性。种种迹象表明，海洋能行业正处于向前发展的态势，人们对海洋能技术发展的信心越来越足。

全球已建成了几个测试场，如何评价这些测试场之间知识共享的可能性？除了技术特定细节外，可以共享哪些信息以支撑行业发展？

知识共享，特别是技术方面，一直是海洋能研究领域中的微妙话题。然而，NNMREC 和 PMEC 共同与 EMEC 合作研建 PMEC SETS。了解相关经验有助于 PMEC SETS 的开发建设，使其能够满足海洋能行业需求，并为行业提供更多的可用资源。分享测试场运营、维护、业务发展以及其他主要方面的知识与经验有助于更好地实现国际统一的标准。

此外，了解其他波浪能和潮流能测试实验室的能力，有助于为行业在选择进行技术测试的地点时提供最佳指导。

是否愿意分享测试中心运作中的任何关键经验教训？中心支出费用是否合理地保持在预算范围内，是否出现了任何不可预见的重大挑战？

除 PMEC SETS 测试设施外，NNMREC 还运营了非并网的 PMEC NETS（北部能源试验场），该试验场位于俄勒冈州纽波特，技术研发机构可将其发电装置连接到 NNMREC 的移动式海洋仪器测试浮标进行测试，也可进行自消耗式试验。NNMREC 已经意识到，由于泊位过少，试验场运行维护成本高昂，无法预期实现该试验场的充分利用。

四、西班牙 BiMEP

BiMEP 这样的测试场有助于技术研发机构节省海试费用与时间。没有试验场的话，每个要开展海上试验的技术研发机构都需要申请用海许可，购买并铺设电缆，建设并网设施等，这意味着需要消耗大量的时间与资金成本。

建设BiMEP的动机和驱动力是什么？中心的发展历经了哪些重要事件？迄今为止，中心创建与运营的资金（公共和私人）投入是多少？

建设比斯开湾海洋能平台（BiMEP）的主要原因有以下三点。

第一，各国明确表示需要保持能源方面的独立，拥有多样化的能源结构，为此制定了更多的可再生能源政策，巴斯克地区希望可再生能源能够满足能源增长需求，因此，海洋可再生能源，更准确地说，波浪能被作为一个重要选项。

第二，巴斯克地区是传统的高度工业化地区，其能源产业包括众多的大型企业，研发经费充足，造船业也很发达，可以说，该地区有着强烈的企业发展需求。

第三，认识到这一点，巴斯克能源局（EVE）开始寻求各种发展选项。他们发现，巴斯克近海水域拥有非常好的波浪能资源，市场评估表明，尽管海洋能市场尚未形成，但有很多距商业化甚远的研发项目，海洋能行业有望深入发展。

由于所有项目都需要开展实海况测试，以论证其性能与生存性，EVE决定建造海洋能测试基础设施，以充分利用海洋能装置试验的机遇，并帮助技术研发机构节省成本与时间，推动海洋能行业更快地向商业化发展。

BiMEP可为海洋能装置的示范与验证提供基础研究设施，将巴斯克地区和西班牙打造成为国际海洋能行业的领军者，并发展海洋能产业。

BiMEP测试场的公共投资约2 000万欧元，主要由巴斯克地方政府投入，西班牙政府和欧盟委员会也支持了一部分资金。

测试场有助于验证那些应用在极具挑战性海洋环境下的技术。那么，BiMEP对海洋能技术研发机构以及地方发展还发挥了哪些作用？

BiMEP有助于技术研发机构节省海试费用与时间，避免了申请用海许可，购买并铺设电缆，建设并网设施等耗时且高成本的诸多程序。例如，作为一个获得用海许可的试验场，BiMEP可以将用海审批的繁琐手续减至最低。BiMEP的用海许可授权耗时5年，而技术研发机构到 BiMEP 测试，从提交资料到审批，全程不超过 3 个月。此外，试验场用户仅需支付一定的测试费用即可，无须再支付电缆购买、铺设以及并网等费用。

在恶劣海况下通过海上测试的设备，可以提升研发机构项目的可靠性，从而更有可能吸引个人投资，实现技术的商业化发展。

建设 BiMEP 为巴斯克地区引入了新的经济活动，有助于为周边地区创建就业机会。试验场区会直接雇佣一部分人员，产业链相关企业也会雇佣一部分人员。

对于海洋能行业而言，测试场是否有助于提高海洋能的国际影响力？在这方面是否还存在改进空间，有哪些建议？

数百个海洋能技术概念或者样机，仅有少数会开展海上测试。这些测试通常在分布于全球各地的试验场进行，然后通过媒体宣传，成为海洋能发展的亮点。每当有海洋能装置在试验场测试，意味着海洋能行业向市场化又迈进了一步。

全球已建成了几个测试场，如何评价这些测试场之间知识共享的可能性？除了技术特定细节外，可以共享哪些信息以支撑行业发展？

各测试场之间进行知识共享十分必要。那些运行了数年的测试场不愿丧失先发优势，在这一前提下，任何分享建设与运行阶段出现的经验教训的做法都是很有帮助的。此外，在环境影响评估方面，几乎每个测试场都会实施环境监测，以评估测试装置对周围环境可能造成的影响，这意味着要进行庞大与昂贵的调查研究。有些调查研究仅适用于评估区域，而有些可用于其他区域或测试场。这方面的合作和共享可以避免在同一调查研究方向上重复花费金钱与时间，并可以在不同测试场开展“通用”调查，实现成果共享并将其作为未来开发建设的基础。

是否愿意分享测试中心运作中的任何关键经验教训？中心支出费用是否合理地保持在预算范围内，是否出现了任何不可预见的重大挑战？

BiMEP 于 2015 年 7 月创立，并开展了一些海洋能部件和装置的测试。2016 年 10 月，在场区完成了首个波浪能发电装置——Oceantec 公司的 MARMOK-A 的安装与并网。

迄今为止，BiMEP 尚未遇到难以解决的挑战，因此，BiMEP 的费用支出基本在预算内。

五、日本 Nagasaky AMEC

建设“Nagasaky AMEC”的动机和驱动力是什么？中心的发展历经了哪些重要事件？迄今为止，中心创建与运营的资金(公共和私人)投入是多少？

长崎市建设“Nagasaky AMEC”的主要动机在于推动海洋可再生能源行业的发展，从而振兴地方经济，增加就业机会，促进实现低碳社会。

长崎市完成了用于试验场规划、一站式服务提供商运行、场区风能和潮流能资源研究的公共资金预算。同时，当地非盈利组织也提供了部分资金。此外，潮流能研发机构还获得了政府提供的竞争性补助。

测试场有助于验证那些应用在极具挑战性海洋环境下的技术。那么，Nagasaky AMEC 对海洋能技术研发机构以及地方发展还发挥了哪些作用？

长崎市计划为技术研发机构提供机会，使其测试实海况安装、运行与维护的最具成效比的方法，这对于削减海洋能均化发电成本至关重要。对地方发展而言，海洋能设施的运行将带来明显的商业机遇。

对于海洋能行业而言，测试场是否有助于提高海洋能的国际影响力？在这方面是否还存在改进空间，有哪些建议？

是的，当然可以。亟须改进的可能是环境影响与安全方面，需要根据实际监测数据进行修正。

全球已建成了几个测试场，如何评价这些测试场之间知识共享的可能性？除了技术特定细节外，可以共享哪些信息以支撑行业发展？

测试场之间已经开展了一些知识分享相关实践，例如 EMEC 举办了专题研讨会。环境影响、生物污损影响以及在不同海况/海区中与渔业共存的方法等方面的相关信息都需要进行共享。

是否愿意分享测试中心运作中的任何关键经验教训？中心支出费

用是否合理地保持在预算范围内，还是出现了任何不可预见的重大挑战？

由于 Nagasaky AMEC 尚未运行，未来可能会遇到各种挑战与难题。但是，始终维持好与渔民、当地居民以及其他利益相关方的关系对于 Nagasaky AMEC 至关重要。

第三节 OES 成员国 2016 年进展

一、比利时海洋能进展

（一）海洋能政策

1. 国家战略

到 2020 年实现可再生能源发电占总消费量的 13%。国家出台了针对风能（陆上风能和海上风能）、生物质能、沼气能和太阳能的激励措施。北海的海上风能建设特许权规划到 2020 年实现约 2 200 兆瓦的装机，将对可再生能源发电产生重要影响。

2. 管理框架

实行可交易绿色证书（TGC）机制，有效地保障了可再生能源发电绿色能源证书市场。对于每一项可再生能源技术，由开发商、技术方、投资者和银行等利益相关方提议交易价格，确定可再生能源发电成本以及每兆瓦时欧元的 TGC 值，而且这一价格将动态更新。

3. 市场激励机制

比利时海洋空间规划划定了 7 个“海上风能、波浪能和潮流能”开发区。2012 年 7 月在离岸 55 千米处（水深 35～40 米，波功率密度为 6.5 千瓦/米）批准由 Mermaid 公司开发 266 兆瓦风电场和 5 兆瓦波浪能发电场，计划于 2020 年完成。

（二）海洋能研发项目

Laminaria 点吸收式波浪能装置，由系泊在海底的十字形浮标组成，技术特点是具有主动风暴防护系统，可在任何风暴天气中以额定功率进行发电。实现方法是调节发电装置与波浪的接触面。正常情况下，装置在水中，其顶部接近水面，当波浪发电功率超过额定功率时，装置则沉入水中。2015 年，1/4 比例样机在比利时奥斯坦德海上试验场进行了测试，在波高 0.5 米时，输出功率 1 千瓦，风暴防护策略效果显著。Laminaria 计划于 2017 年在 EMEC 测试。

Cofely Fabricom 公司和根特大学于 2015 年联合启动了一个新型 PTO 研究项目，由 HIE-WES 提供资金。该项目包括详细数模研究和实验室测试装置建设。该项目于 2016 年顺利完成，未来资金将应用于更大比例样机技术的测试研究。

(三)海洋能示范项目

1. 海洋能试验场

在距奥斯坦德(Ostend)港约 1 千米处建设了一个试验场，易于从奥斯坦德港进行海洋能装置布放及维护。场区布放有波浪骑士浮标、岸基摄像机、收发天线等设备，试验场周边还布放了定位航标。该试验场未并网。

2. 计划布放的项目

FlanSea Ⅱ装置将研发多个更大比例样机，并测试新型动力输出装置(PTO)。

二、加拿大海洋能进展

2016 年，加拿大海洋可再生能源产业稳步推进，并取得阶段性成果。第一个并网的潮流能涡轮机在芬迪湾海洋能源研究中心(FORCE)布放。建成了供应链数据库、加拿大清洁资源和项目地图以及新斯科舍省潮流能图集。

(一)海洋能政策

1. 国家战略

《加拿大海洋可再生能源技术路线图》制定了加拿大海洋能产业发展目标，到 2020 年，潮流能、河流能和波浪能发电装机容量达 200 兆瓦，2030 年达到 2 000 兆瓦。

加拿大东海岸潮流能资源丰富，特别是在位于芬迪湾的新斯科舍省。《新斯科舍省海洋可再生能源战略》提出促进海洋能创新与研究，建立管理体系，鼓励具有市场竞争力的技术和产业部门发展。该战略于 2012 年发布，提出建设 300 兆瓦潮流能发电场的目标。

2. 管理框架

在联邦层面，加拿大政府 2016 年财政支持加拿大自然资源部进行法律框架优化，促进海洋可再生能源发展。作为其中的一项工作，加拿大自然资源部在 2016 年和 2017 年一直与省和地方政府、产业联盟、环境组织和内生组织等机构保持联系。

2015 年，新斯科舍省政府通过了《海洋可再生能源法案》，目前正准备发布《海洋能再生能源规程》支持该法案。该法案和规程 2017 年年初公布。

3. 市场激励机制

FORCE 目前可提供 5 个并网测试泊位，5 个潮流能开发商获得了 FIT 支持，总计将在 FORCE 实现潮流能装机 22 兆瓦。其中，米纳斯能源公司开发 4 兆瓦，黑岩潮流能公司开发 5 兆瓦，亚特兰蒂斯加拿大业务公司开发 4.5 兆瓦，DP 能源公司开发 4.5 兆瓦，Cape Sharp 潮流能联合公司(CSTV)开发 4 兆瓦。

在 FORCE 的每个开发商都获得了为期 15 年的电力购买协议。此外，芬迪潮流能公司获得了 3 项新斯科舍省 COMFIT 支持(标准为 0.652 加元/千瓦时)，为 500 千瓦以下小型潮流能发电装置并网提供超过 20 年的合约。

安大略省 FIT 计划鼓励和促进更多可再生能源的开发利用，包括海上风力、水力、可再生生物质能、沼气、填埋气和太阳能光伏发电项目；发电量大于 10 千瓦以及高达 500 千瓦的项目。2016 年，FIT 计划提供了 40 年的合同，发电标准为 0.246 加元/千瓦时。

4. 公共资金计划

(1)国家资金计划。加拿大公共资金计划主要由加拿大自然资源部能源研发办公室管理。自 2010 年起，已投入约 3 700 万加元开展海洋能研发及示范。此外，加拿大政府的半官方基金会——加拿大可持续发展技术基金(SDTC)已投入约 1 300 万加元开展海洋能研发及示范。

国家研究理事会(NRC)工业研究支持计划(IRAP)也支持了一些早期技术评估、物模与数模等实验。绝大部分项目都适用于科学研究及实验开发税收减免优惠政策。

(2)省级资金计划。在省级层面,新斯科舍省为 FORCE 投资了 1 100 万加元。此外,新斯科舍省海洋能源研究协会(OERA)支持了许多海洋能领域战略研究项目,大约投入 510 万加元。另外,位于新斯科舍省、魁北克省、安大略省和不列颠哥伦比亚省的一些省级经济发展机构和基金会也投入超过 1 000 万加元支持海洋能发展。

不列颠哥伦比亚省通过创新清洁能源(ICE)基金支持了两个计划:社区能源领导计划和次级清洁能源合作伙伴计划。2016 年,该省提供了 25 万美元支持海洋能产业,重点发展波浪能。

5. 海洋能试验场

(1)潮流能试验场。CSTV 公司于 2016 年 11 月在 FORCE 试验场安装首台 2 兆瓦涡轮机(Open Center 技术,见附图 1),并成功完成海底电缆与省电网并网连接。该涡轮机为新斯科舍省提供电能,并于 2017 年春季布放第二台涡轮机。

附图 1　2 兆瓦 Open Center 机组布放

黑石公司计划布放两个全比例半潜式平台,由 Schottel Hydro 涡轮机阵列组成,每个平台功率达 2.5 兆瓦。

米纳斯能源公司于2016年夏在FORCE试验场泊位的工作由其合作伙伴米纳斯潮流能公司(Minas Tidal)接手。米纳斯潮流能公司由国际海洋能源公司和Tocardo潮流能公司组成。该公司计划在FORCE试验场布放3个Tocardo半潜式平台，装备5个250千瓦双向涡轮机，每个平台装机达1.25兆瓦。第一个平台计划于2017年布放。

亚特兰蒂斯公司和DP能源公司获得省项目批准，计划于2018年在FORCE试验场布放总装机4.5兆瓦的潮流能装置。

(2)河流能试验场。加拿大流体动力涡轮机试验中心(CHTTC)与Mavi创新公司、新能源公司和Gem Holdings公司于2016年在温尼伯河对其涡轮机进行了测试。

(3)波浪能试验场。北大西洋大学(CNA)在纽芬兰岛南部建设了波浪能研究中心(WERC)，主要开展波浪能为新型岸基水产养殖实施供电研究。安装了试验场天气和波浪观测设备，并开展了3年多观测。距海岸1.5千米海域内有6个布放区(水深6~30米)，建有专用码头，非常适合波浪能发电装置的布放。CAN研制的点吸收式波浪能发电装置缩比尺模型测试已经完成，计划2017年开展全比例样机研发，该装置重约10吨，可将高压水传送至岸边用于养殖、发电等用途。

(二)海洋能示范项目

1. 已运行项目

20兆瓦安纳波利斯潮汐电站。于1984年建成，至今仍在运行。由新斯科舍省电力公司运营管理，是北美地区唯一的商业化潮汐电站。

Water Wall Turbine公司于2016年7月在丹特岛布放了500千瓦全比例潮流能示范样机。该微网示范项目集成了柴油发电机组、涡轮机以及一个Tesla能源储备系统。目前该装置已测试完毕，将于2017年再次安装。

Idénergie公司于2016年在不列颠哥伦比亚国家公园安装了6个水轮机。该涡轮机应季节需求，在冬季移除。2017年，额外5个水轮机将安装在加拿大多个公园内，额定功率0.5千瓦。

Mermaid Power公司于2015年12月在基茨岛布放了“海王星3”号波浪能装置，于2016年9月初布放了“海王星3A”号装置。

2. 计划布放的项目

2017—2018 年，将有 5 家公司计划在芬迪湾布放潮流能涡轮机，总装容量机达 20 兆瓦。其中，CSTV 公司 2017 年布放 2 兆瓦；黑石潮流能公司 2017 年布放 5 兆瓦；米纳斯能源公司 2017 年后期布放 4 兆瓦；亚特兰蒂斯加拿大业务公司 2018 年将布放 4.5 兆瓦；DP 能源 2018 年将布放 4.5 兆瓦。

新能源公司获准为马尼托巴一社区安装 25 千瓦 EnvioGen 发电系统，计划于 2017 年夏季安装。

Mavi Innovations 公司将于 2017 年在 Blind Channel Resort 和 Marina 布放 Mi1 漂浮横流式海流能发电装置。该装置已于 2016 年完成装配，计划于 2017 年春季安装。

Mermaid Power 公司计划于 2017 年夏季在基茨岛布放“海王星 4”号。

Yourbrook Energy Systems 公司在 Haida Gwaii 布放了一个小比例测试样机，为期 3 个月。

（三）其他相关活动

（1）IEC/TC 114。2007 年 IEC/TC 114 成立以来，加拿大会员会联合其他成员国完成了 11 个研究项目，支持波浪能、潮流能和河流能系统技术发展。正在起草 8 个技术规范。

（2）新国际合作。2016 年 11 月，新斯科舍省海上能源研究协会（OERA）与法国海洋能源局（FEM）签署谅解备忘录，鼓励联合研发创新低成本技术和高流速潮流环境的影响监测。该联合研发计划于 2017 年发布。

（3）不列颠哥伦比亚省路线图定制。BC 能源及矿业部正在定制海洋可再生能源计划，以支持未来海洋能技术创新发展，由 ICE 提供资金支持。该计划包括环境、能源和利用、经济发展、技术和创新等要题。该路线图计划于 2017 年年初完成。

（4）会议。2017 年秋季在渥太华召开加拿大海洋可再生能源年会。

三、欧盟委员会海洋能进展

2016 年欧盟委员会加强了对海洋能技术的支持力度。根据“海洋能论坛(OEF)2016”，海洋能发电到 2050 年将满足欧洲 10%的电力需求，有助于维持欧洲在可再生能源技术领域的领先地位。

(一)海洋能政策

1. 国家战略

欧洲层面的海洋能发展战略由一系列政策和举措组成，最早是 2014 年发起的“海洋能交流法案”(COM/2014/08)。目前，海洋能技术发展的主要政策措施是欧盟一揽子政策以及实施战略能源技术计划(SET-Plan)。

附表 2　欧盟委员会海洋能技术发展相关政策和举措

2014 年 2 月	2014 年 12 月	2015 年 2 月	2015 年 9 月	2016 年 9 月	2016 年 11 月
海洋能交流法案 COM/2014/08，成立 OEF	“欧盟能源系统研究创新挑战及需求”路线图，设立 3 个海洋能计划	欧盟委员会 COM/2015/80 法案，提出保持欧盟在可再生能源领域投资的全球领先地位	欧盟委员会 COM/2015/6317 法案，提出降低关键技术成本，增加区域海洋能合作	SET - Plan，提出波浪能和潮流能均化发电成本目标	OEF 发布海洋能战略路线图

SET-Plan (COM/2015/6317)提出，到 2025 年，潮流能技术发电成本发展目标是 15 欧分/千瓦时，波浪能技术发电成本发展目标是 20 欧分/千瓦时；到 2030 年，分别下降至 10 欧分/千瓦时和 15 欧分/千瓦时；到 2035 年，波浪能技术发电成本下降至 10 欧分/千瓦时。为实现这个宏伟目标，SET-Plan 设立了一个工作组——欧洲海洋能技术创新平台(ETIP Ocean)，负责制定更详细的海洋能战略研究议程(ETIP Ocean 2016)，并继续与所有利益相关方开展对话。

2. 市场激励机制

为支持创新低碳技术的发展，欧盟委员会采取了多种措施，促进技术研发向商业化应用的发展。其中，NER300 计划主要支持先进的商业化可再生能源项目。目前，已经有5个海洋能项目得到了NER300计划的支持，包括位于英国苏格兰的2个潮流能项目，位于爱尔兰和葡萄牙的2个波浪能项目以及位于法属马提尼克岛的温差能项目。

附表3 NER300计划支持的海洋能项目

国家	技术	项目	NER300投资（百万欧元）	项目状态
英国	潮流能	Sound of Islay	20.65	进行中
英国	潮流能	MeyGen 1B	16.77	之前是资助MCT公司，现在支持AR公司开展MeyGen 1B
法国	温差能	Nemo	72	进行中
葡萄牙	波浪能	Swell	9.1	进行中
爱尔兰	波浪能	WestWave	23.2	进行中

3. 公共资金计划

此外，Innov Fin能源示范计划（EDP）与欧洲投资银行通过贷款的形式联合支持了部分海洋能项目，以降低示范项目的风险。例如，2016年为葡萄牙、芬兰合作的Wave Roller项目提供了1 000万欧元贷款，贷款条件比其他可再生能源技术优惠很多。

（二）海洋能研发项目

目前，欧盟支持的创新研发计划主要通过H2020计划进行，自2014年开始，H2020计划已经投入6 600万欧元支持20个海洋能研发项目。

仅2016年，H2020计划就投入1 850万欧元支持9个海洋能项目，其中，6个用于波浪能和潮流能技术创新研发（Tocardo、Corpower、Atlantis等公司）。重点在如何通过技术改进来降低海洋能发电技术成本，包括动力输出系统的改进。不过，由Wavestar承担的示范项目于2016年终止。

（三）其他相关活动

2016年，DG研究与创新咨询公司承担了一项“海洋能研发经验”研究，于 2017 年上半年提交研究报告，为海洋能行业发展提供咨询建议。

四、法国海洋能进展

经过数年的发展，2016 年法国海洋能源部门活动取得了一系列重大进展。项目规模和目标变化很大。例如，潮流能涡轮机正在进行测试，将作为全球能源网络阵列的一部分，还可以单独为非并网岛屿或独立社区提供能源。法国大力发展 OTEC 的同时，海上风电产业也进步很快，并制定了发展路线图。

（一）海洋能政策

1. 国家战略

2015 年 8 月通过的能源法案（Loi de TransitionEnergétiquepourla Croissance Verte）明确指出了到 2030 年可再生能源的电力占比将达 40%。根据该能源法案，2016 年 10 月 27 日发布多年度能源计划（Programmation pluriannuelle de l´énergie），明确了各种能源部门用于电力生产的具体装机目标。根据示范发电场的反馈和成本改进，将补充目标设定在 200~2 000 兆瓦，作为除海上风能电以外的额外电能。根据这些目标，潮流能和海上风能的商业阵列招标于 2017 年对外开放。

2. 管理框架

法国政府于 2014 年开始简化准许流程，以加快项目的发展。

法国海洋能源项目必须符合以下许可和审批流程。

（1）环境影响评估（EIA），主要关注对自然和珍稀物种的影响。国家组织了公开咨询用于该许可流程。

（2）如果项目位于领海，则需要海上公共领域许可，涉及海上安全和海域使用并由地方官员审批。该审批流程可参照上述程序，采取公开咨询的形式进行。

（3）对于 50 兆瓦级以上的发电场，需由能源部授权发电。该授权自动交由国家进行招标。

此外，开发商与法国传输系统运营商（TSO）签署电网并网协定。

3. 市场激励机制

截至 2016 年 5 月，海洋能源系统的上网电价定为 173 欧元/兆瓦时。除此计划外，还向样机和预商业化测试阵列拨款以及发放贷款。例如，Raz Blanchard 和 Alderney Race 的 2 个潮流能试验阵列分别为 14 兆瓦和 5.4 兆瓦装机容量，该项目正在开发中，支持资金 103 万欧元。

为吸引商业投资，下一阶段将进行招标(如产业化阵列)，竞争的选择标准主要根据每兆瓦时的评估价格。

4. 公共资金计划

法国 MRE 的国家公共资金总体框架出自“未来投资计划”。ADEME(环境与能源机构)和 ANR(国家研究机构)两大主管机构通过招标管理该项资金。

在 2016 年，ADEME 直接拨款用于开发 4 个测试漂浮式风电机组(每个装机容量约 24 兆瓦，其中 3 个在地中海，1 个在大西洋)和 1 个河流涡轮机组。

2016 年，ANR 向由“能源转化研究所”招标的 9 个 MRE 研发项目提供资金支持。

法国地方当局也竭力支持 MRE 部门。资金支持法国国家海洋能源学会的研发联合计划以及 WEAMEC 和 ONEM 等的地方举措。投资港口建设，实现海上风电和潮流能产业化发展。

法国 PôleMer Bretagne-Atlantique 和Péle Mer Méditerranée两大具有竞争力的海上集群路线图中都含有 MRE 部分。通过不断地标签化，两大海上集群可以培育合作项目以申请国家基金的支持，快速实现上市。

(二)海洋能研发项目

法国能源研究所与国家能源机构合作，于 2015 年成功启动 8 个联合融资 MRE 研发项目(国家融资 300 万欧元)，此外有 8 个已经拨款的项目预计于 2017 年启动。以下是 2016 年进行的项目。

BENTHOSCOPE2——通过被动声学测量平台，了解和监测 MRE 对底栖生物的影响；EOLINK —— 漂浮式风力发电机的概念证明；HYD2M —— Raz Blanchard 流体动力学：测量和建模；INDUSCOL —— 仪器和 MRE 系统胶合多材料结构的耐用性；PHYSIC —— 沉积物传输过程中存在强电流；THYMOTE ——潮流紊动：建模，实地观察和水槽实验；TROPHIK —— MRE 生态系统方法：模拟海上风电场在改变沿海食物网和累积影响方面的作用；OMDYN ——海洋能动力电缆。

MET 认证——2016 年 7 月，欧洲 Interreg 2 海洋监测委员会获得 560 万欧元 MET-CERTIFIED 项目资金，用于发展海洋可再生能源的国际标准和认证体系。MET 认证是在欧洲公私合作伙伴关系的框架内进行的。

（三）海洋能示范项目

1. 海洋能试验场

（1）SEM-REV 海上试验场。SEM-REV 作为南特中央理工学院实验设施的一部分，由公共财政资金支持开发，以实现真实海况下波浪能转换器和漂浮式风力发电机的验证和优化。

SEM-REV 包括：岸站，研究中心和变电站，输出电缆（20 千伏，8 兆伏安，24 条光纤）和 1 平方千米专用海域。其他辅助设施包括：海洋数据和分析，设计和安装验证，运行状况维护和环境影响评估等。

目前在该试验场部署的项目（2016—2018 年）有以下两个。FP7 Floatgen 项目（Ideol，Bouygues，Un of Stuttgart，RSK，ECN，Zabala）：对由组成的漂浮式风力发电机进行测试，为期两年；BPI 法国 IHES 项目（Geps，Ifremer，ECN，Icam，SNEF）：对新型漂浮式 WEC 进行测试，为期两年，包括新型 Pywec PTO（由 Pytheas 开发）。

Interreg FORESEA 项目（合作：EMEC，Smart Bay，TTI 和 ECN/SEM-REV）于 2016 年启动，目标是于 2016—2019 年在 SEM-REV 部署 6 个 MRE 技术部件。SEM-REV 也是 2016 年批准的 H2020 MARINET2 项目和 2017 年初启动的 ESFRI MARINERG-I 项目的一部分。

（2）SEENEOH 潮汐能试验场。SEENEOH 位于波尔多市，由法国海洋能源部负责建设，用来测试大比例河流设备和中等比例海洋潮汐能装置。该试验场具备评估潮汐能装置及其子系统性能以及设备对环境影响的能力。

SEENEOH 有 3 个测试泊位，均与陆地电站连接。泊位设计可以安装固定式和漂浮式潮汐能装置。其中两个泊位于 2016 年 12 月开始运行，第三个泊位于 2017 年 2 月运行。

2. 已运行项目

Sabella 公司的 D10 – Ouessant 装置于 2015 年 6 月部署，并于 2015 年 11 月并网，成为法国第一个也是唯一一个向法国电网供电的潮流能发电机；该装置于 2016 年 7 月从水中移除，验证其便于维护的操作性能；该公司终止与 Bureau Veritas 和 IFREMER 合作并由 ADEME 资助的示范项目。

HYDROQUEST 公司作为创新性水轮机制造厂的设计制造者，一直在与诺曼底机械制造公司（CMN）就海洋水动力水轮机项目开展合作。该公司近期还推出了河流水动力水轮机系列。

HYDROQUEST 完全模块化水轮发电机可应用于各种断面的河流，最浅深度为 2 米。目前已有两台河流水动力涡轮机制造完成，即 HYDROQUEST River 1. 40 机型和 HYDROQUEST River 2. 80 机型，额定功率分别为 40 千瓦和 80 千瓦。目前该项目正在法国、非洲、亚洲和南美洲开展。

Guinard Energies 公司于 2016 年在 Guyana 海域成功布放其 Poseide 现场功率测量装置。

3. 计划布放项目

Normandie Hydro 潮流能电厂由 ADEME 协调并由“未来投资计划”提供资金支持建设。该潮流能电厂位于英吉利海峡以西的 Raz Blanchard，2015 年开始设计，2016—2018 年开始启动，建设和运营周期为 20 年。该电厂由 7 台 OpenHydro 潮流能涡轮机组成，每台机组额定功率 1. 4 兆瓦。

Ocean Quest 项目由 HYDROQUEST 公司与 CMN 和卡诺诺曼大学合作，于 2016 年 2 月获得 ADEME 和“未来投资计划”的资金支持。Ocean Quest 项目于 2017 年秋季在 Paimpol-Bréhat EDF 试验场安装 1 兆瓦的 Hydroquest 示范样机。

Guinard Energies 公司于 2017 年，在新南威尔士州（布列塔尼南部）部署 250 千瓦的 Mega Watt Blue 潮流能示范样机。

（三）其他相关活动

Seanergy：第一届海洋可再生能源年度国际会议于 2016 年春季在

比亚里茨举行。第二版 Seanergy 于 2017 年 3 月 22—23 日在勒阿弗尔举行。

INORE：2016 年度 INORE 年轻研究人员协会研讨会于 6 月 12—18 日在南特举行。

MRE 硕士课程：工程学院 ENSTA Bretagne 持续提供海洋可再生能源专业硕士学位。

FWP 海洋技术周：年度国际海洋技术周活动于 2016 年 10 月 10—14 日在布列斯特举行。

五、印度海洋能进展

（一）海洋能研发项目

波浪能：目前，印度正在开发及优化 BBDB 浮标和波浪能导航浮标，适用于非并网偏远地区。BBDB 采用单轴涡轮机，并成功海试。波浪能导航浮标样机将在金奈沿海进行测试。

温差能：印度一直致力于 OTEC 涡轮机、热能转换器和深海冷水导管的研发。位于金奈的国家海洋研究所（NIOT）正在建设一个世界领先的实验室，用于研发 OTEC 和 LTTD 装置。OTEC 循环系统已经在室内设计完成，该装置预计于 2017 年全面运行。印度政府决定提供资金支持，于拉克沙群岛岛屿建造海水淡化装置，一旦获得审批将于 2017 年年初启动。

海流能：NIOT 研发的海洋动能涡轮机于 2016 年在 Andaman 岛海域成功海试，利用潮流能和海流能发电。更大比例样机于 2017 年中期进行安装。

（二）海洋能示范项目

1. 已运行项目

在拉克沙群岛岛屿建造了温差能海水淡化装置。

2. 计划布放项目

1 千瓦级海流能涡轮机于 2017 年中期布放。

Kavaratti 岛海水淡化示范装置计划在 30 个月内完成布放。

附图 2　Kavaratti 海水淡化示范装置

六、爱尔兰海洋能进展

爱尔兰积极利用其丰富的波浪、潮流和海上风能资源，努力发展海洋能产业。2014 年发布《海洋可再生能源发展规划》(OREDP)，并通过海洋可再生能源指导小组(ORESG)指导实施，为海洋能开发利用提供了真正协作的发展环境，所有相关机构和政府部门共同合作以支持该新兴领域的发展，并为爱尔兰海洋能产业提供一站式服务。爱尔兰拥有独特的海洋能发展模式与试验场设施，2016 年得到显著改善。加大对技术开发的投入和对学术基础研究的支持同样重要，在过去一年里，随着一些重点项目的开展，在这两个方面都已取得切实的进步。

(一)海洋能政策

1. 国家战略

海洋可再生能源发展规划(OREDP)。2014 年 4 月，爱尔兰政府通信、能源和自然资源部(DCENR)正式发布了《海洋可再生能源发展规划》(OREDP)。以战略环境评估(SEA)为依据，分低、中、高三种发展水平研究了全国海洋能发展潜力，OREDP 为海洋能发展提供了重要的框架支持。

爱尔兰向低碳能源的未来转型(2015—2030 年)。2015 年，

DCENR 发布了《爱尔兰向低碳能源的未来转型 2015—2030 年》白皮书，制定了用于指导政府 2030 年之前能源领域政策与行动的框架。

2. 管理框架

海洋能项目需要地方政府审批的用海许可。依照欧盟法律和国家立法，海洋能装置布放前需根据其性质、规模和位置进行环境影响评估(EIA)。同样，如果海洋能开发项目位于自然保护区内或附近，则需根据《欧盟栖地指令》进行适当评估(AA)；如果开发项目包含陆地工程，则需要相邻规划部门(县议会)的规划许可。颁布一部新的《海上区域及海滩(修订)法案》，该法案结合了海滩审批和规划制度，简化了项目的 EIA 和 AA 流程。

2016 年，发布了两份海上可再生能源产业环境指导文件。一份是关于海洋能项目的环境影响报告(EIS)和自然影响报告(NIS)的准备工作的；另一份是关于海洋基线评估和监测活动的。旨在为开发人员提供必要的环境报告和监测数据，确保海洋能产业以环境友好型发展。

3. 市场激励机制

OREDP 提出的一个重要举措是制定海洋能初期市场支持电价(Initial Market Support Tariff)，将对商业化前期的 30 兆瓦以内的海洋能(波浪和潮流)试验和示范运行给予每兆瓦时 260 欧元的电价支持。

2015 年 7 月，DCENR 发布了一份技术评估咨询报告，建议从 2017 年起为爱尔兰的可再生能源发电提供新的电价体系。其中，也提及了波浪能和潮流能市场支持电价。

4. 公共资金计划

(1)SEAI 海洋能样机研发基金。SEAI 海洋能样机研发基金重点支持企业牵头开展海洋能发电装置与系统的研发及布放。自 2009 年启动以来，已有 65 个技术项目获得 SEAI 的支持。

(2)海洋能欧洲研究区网络(OCEANERA-NET)。在欧盟 FP 计划支持下，SEAI 与来自 9 个欧洲国家的 16 个机构共同参与了 OCEANERA-NET，并于 2014 年年底召开了首次联合会议，多家爱尔兰机构成功参与了相关计划提议，第二次联合会议于 2016 年 2 月启动。

（3）OCEANERA-NET 联合基金。OCEANERA-NET 联合基金于 2016 年由欧盟 H2020 计划提供资金，支持研发创新项目，为期 5 年。该项新计划将以 OCEANERA-NET 工作为基础。OCEANERA-NET 联合基金旨在通过联合会议支持海洋能项目的跨国合作和研发，并开展其他联合活动，加强协调公共研究和创新计划，推动成果转化。第一次会议于 2017 年启动，对来自欧洲 3 个国家（爱尔兰、西班牙和瑞典）和 4 个地区（布列塔尼、卢瓦尔河、巴斯克地区和苏格兰）的申请人员开放。

（二）海洋能研发项目

1. 爱尔兰海洋可再生能源中心（MaREI）

MaREI 是由爱尔兰科学基金会支持建立的海洋能中心，承担了海洋及可再生能源领域中的主要科学、技术和社会经济挑战。除了促进基础研究活动外，MaREI 还支持海洋能方面的创新研究，以缩短技术进入市场的时间，并降低竞争成本。

至 2016 年年底，MaREI 与 45 个海洋和可再生能源领域的中小企业开展了项目合作，合同额达 500 万欧元。

2. 爱尔兰国家 NOTF 试验场

爱尔兰国家 NOTF 试验场是一个世界级的可再生能源和海洋研究中心，建有一个深海波浪水槽（用于 1/15 比例样机测试）；开放式海洋仿真器，配有精密的双面桨系统和双面吸收系统的波浪水槽（约 1/50 比例样机测试）；具备波浪/潮流能测试能力（约 1/50 比例样机测试）水槽和波浪能示范的水槽；电力测试设施。

3. 欧盟项目

H2020 MaRINET2 项目将为海洋能开发人员提供和协调自由权限，以测试整个欧洲的基础设施。MaRINET2 项目将以先前成功的 MaRINET 计划为基础。UCC 作为项目牵头单位。

H2020 Marinerg-i 项目由 UCC 领导，旨在联合欧洲领先的可再生能源研究机构，成为国际领先的分布式基础设施。其综合性和协调性将加快海上风能、波浪能、潮流能和综合能源技术的研究开发和布放，使欧洲成为该行业的全球领导者。

H2020 TAOIDE 项目是开发一种集成发电机，具有高可靠性和实用性的电网输送系统，适用于海洋可再生能源系统的多种架构，该系统针对欧盟市场的具体环境和法规而设计。该项目由爱尔兰 ORPC 公司、UCC 和莱特肯尼理工学院联合开展，将为海洋能应用电力生产系统开发认证提供依据。

(三)海洋能技术示范项目

1. 海洋能试验场

爱尔兰拥有独特海洋能研发设施和测试场基础设施，包括位于科克的爱尔兰国家海洋试验室，戈尔韦湾海洋能 1/4 比例测试场以及位于梅奥郡贝尔马利特附近的大西洋海洋能源试验场。

(1)戈尔韦湾海洋能 1/4 比例测试场。爱尔兰戈尔韦湾海洋能 1/4 比例测试场位于戈尔韦湾海洋能测试场内，离岸 1.5 千米，水深 20~23 米，可为波浪能装置及部件提供测试及验证服务。

2016 年，SEAI 和爱尔兰海洋可再生能源中心(MaREI)等合作在该试验场建设了一个海底观测站，铺设了一条 4 千米长的水下电缆，应用水下相机、探头和相关传感器进行连续和远程的实时水下监控。SeaPower 平台 1/4 比例波浪能装置于 2016 年 11 月在该试验场成功布放，并实现电力和数据传输。

(2)大西洋海洋能源试验场(AMETS)。大西洋海洋能源试验场(AMETS)由 SEAI 投资开发，用于开展全比例波浪能发电装置并网测试。AMETS 位于梅奥郡的贝尔马利特以西的 Annagh Head。

该试验场将在水深 50 米和 100 米的水域建设两个独立测试区。AMETS 岸基变电站等部分的规划许可，于 2016 年年初提交。

2. 已运行项目

(1)WestWave 项目。ESB 公司的 WestWave 项目旨在开发一个 5 兆瓦的波浪能项目。目前项目正处于资本投资和采购阶段，正在开展的工作包括获取开发许可、资源调查、工程设计等。预计 2017 年会取得用海许可。

(2)SeaPower 平台。SeaPower 公司研发了一个名为 SeaPower 平台的波浪能装置。自 2008 年开始，该公司已经从数模设计到水槽试验，现已在戈尔韦湾海洋能测试场进行测试。该公司在研发过程中获得了“SEAI样机开发基金”的支持，目前该项目的第一阶段1/4比例样机于2016年11月在戈尔韦湾海洋能测试场完成。第二阶段预计于2017年启动。

（四）其他相关活动

1. 海洋能创新网络

海洋能创新网络（OPIN）是由爱尔兰、北爱尔兰和苏格兰的机构合作开发的行业网络。该网络旨在通过吸取其他行业经验，推动海洋能产业协调创新发展。截至2017年5月，OPIN已经于2016年在都柏林和爱丁堡举办了两个研讨会，2017年3月在贝尔法斯特举办了一次OPIN研讨会。

2. 爱尔兰海洋能门户网站

2014年11月正式启用了海洋能门户网站，列出了与海洋能评估、研发以及管理等相关的海洋数据、地图、工具、资金和信息等栏目。2016年增加了很多新升级的功能，如海洋可再生能源地图集、交互式GIS地图等。该网站增加了环境规划目录，这将有助于开发人员在爱尔兰进行测试和布放。更新的“海洋能源供应链数据库”于2016年夏发布，目前包含120个企业。

七、荷兰海洋能进展

自20世纪80年代以来，荷兰就开始研究海洋能，开展了各种海洋能技术的研发示范项目。2015年年底布放的1.25兆瓦潮流能发电场持续运转良好，进一步推进了该技术的商业化。

（一）海洋能政策

1. 国家战略

2014年7月，北海空间议程（NSSA）提交议会，表明该地区潮流能和波浪能开发潜力高达2 000兆瓦。2017年制订了潮流能、波浪能国家补贴计划。

2. 市场激励机制

通过能源创新示范（DEI）补贴体系支持荷兰技术出口项目。2016

年有几个海洋能项目获得资金支持。

3. 公共资金计划

20 世纪 90 年代起，经济事务部对包括海洋能在内的研发项目投入了大量资金，包括 Archimedes 波浪摆、Tocardo 潮流能机组、REDstack（盐差能）、BlueWater（潮汐能）、BlueRise（OTEC）、Teamwork 科技（潮汐能、波浪能）等。目前，BlueTec 和 Tocardo-Huisman 两个项目已获得能源创新示范补贴。

（二）海洋能研发项目

Den Oever-Tocardo 潮流能示范电站；代尔夫特理工大学 BlueWater 潮流能项目；REDstack Sneek 盐差能示范项目；代尔夫特理工大学温差能项目；鹿特丹 Arteq 能源公司温差能项目；Teamwork 科技公司 Archimedes 波浪摆项目；Tocardo VAWT 垂直轴潮流能技术。

（三）海洋能示范项目

1. 已运行项目

Tocardo 1.25 兆瓦装置在 Eastern Scheldt 进行示范（附图 3）。

附图 3　Tocardo T2 潮流能阵列

1 兆瓦 Pentair Fairbanks Nijhuis 双向涡轮机安装到“Grevelingendam”。

2. 计划布放的项目

库拉索岛 OTEC 示范项目(500 千瓦);马提尼克岛 OTEC 示范项目(Demo);马尔斯水道(Marsdiep)潮流能项目(200 千瓦);Tocardo(Eastern Scheldt)二期项目(2 兆瓦);Brouwers Barrier 潮汐能电站(2018 年以后启动)。

八、新西兰海洋能进展

新西兰拥有全球第五大专属经济区(EEZ),可再生能源发电供应占有很高比例。

(一)海洋能政策

1. 国家战略

新西兰制定了到 2025 年可再生能源供电达 90%的目标。

(1)2011—2021 年,能源战略重点是发展多样化的可再生能源,特别是新兴可再生能源技术。

(2)海洋能的商业化有助于实现 2025 年可再生能源供电目标。

2. 管理框架

根据《资源管理法》,新西兰环境保护署(EPA)负责管理离岸 12 海里以外海域海洋活动。12 海里以内海域开发利用由地方相关部门管理。

3. 公共资金计划

新西兰海洋能布放基金(MEDF)于 2012 年终止。企业、创新与就业部(MBIE)的能源类基金曾支持波浪能发电装备和潮流能发电阵列研发。新的《国家可持续海洋科学挑战》旨在加强新西兰海洋资源开发利用以及向环境友好型发展。

(二)海洋能示范项目

1. 海洋能试验场

计划建设的新西兰海洋能中心(NZMEC)试验场位于惠灵顿近海,

NZMEC 将在 Baring Head、Moa Point、Cape Terawhiti 和 Kapiti 这 4 个地址建设测试场，为波浪能和潮流能装置从样机到全比例并网装置，再到预商业化测试研究提供服务。目前，NZMEC 正在等待投资。

2. 已运行项目

AzuraWave(WET-NZ)最初是由新西兰皇家研究所——卡拉翰创新公司(CI)研发的波浪能技术，利用浮体与壳体间的相对旋转，可从波浪的垂直运动和水平运动获取能量。自 2006 年研发以来，已从最初的概念设计发展到实海况试验阶段。2010 年开始，美国西北能源创新公司与 CI 公司合作，进一步开发与优化该技术。目前已经在新西兰和美国俄勒冈州开展了示范运行，并于 2016 年实现并网发电。

(三)其他相关活动

新西兰波浪能与潮流能联盟(AWATEA)。AWATEA 于 2006 年 4 月成立，旨在推动新西兰海洋能行业的发展。2016 年 5 月举办第十届海洋能年会。2016 年白皮书正在更新。详见 http://www.awatea.org.nz/information/white-paper/。

九、挪威海洋能进展

2016 年，挪威布放了两台海洋能样机。Deep River 公司于 5 月测试了 250 千瓦装置样机，Tide Tec 公司的全比例样机在东南部的 Svelvik 布放。政府在 2017 年发布的能源政策白皮书(Meld. St. 25 2015—2016 年)中提到，将在挪威海岸进行波浪能技术测试。

(一)海洋能政策

1. 国家战略

挪威未专门出台海洋能政策，在可再生能源政策和计划中包含了海洋能部分。

2. 管理框架

《海洋能源法案》于 2010 年 7 月 1 日生效。所有海上风电、波浪能、潮流能项目用海必须事先通过政府审批。随后，相关政府部门选取了 15 个适合大比例海上风电测试的区域，更多细节于 2012 年年底在“战略成果评估”中明确提出。能源政策白皮书(Meld. St. 25 2015—2016)于2016年发布，指出潜在的全比例装置的发电量达50太瓦时。

3. 市场激励机制

2011年，挪威与瑞典签署了联合绿色电力证书市场协议。从2012年起的15年间，所有新增可再生能源发电每兆瓦时可获得一个证书。每个证书的价格由市场决定。从2022年开始，挪威将退出该计划，瑞典将继续在该计划下增大其发展目标，到2030年实现发电量18太瓦时。

4. 公共资金计划

挪威能源署(Enova)为海洋能示范项目提供资金补助，为单个项目最多提供成本覆盖率达50%的补助。此外，针对国外研发的装置在挪威海域应用的情况，Enova推出新能源技术示范支持计划。挪威创新局(Innovation Norway)通过“环境友好型技术”计划支持装置样机研发，最多提供45%的资金支持。挪威研究委员会通过ENERGIX能源研究计划，支持可再生能源技术研发。

(二)海洋能研发项目

挪威科技大学(NTNU)和挪威科技工业研究院(SINTEF)海事研究院(MARINTEK)在特隆赫姆成立了一个海洋能联合研究中心，研究领域包括：技术检测和验证、控制系统、锚泊系统、海上结构物、设备优化设计和载荷建模等。

Stadt拖曳水池(STT)创建于2007年，主要为海洋研发机构提供相关试验和研究服务。

Tide Tec公司于2016年8—11月在挪威东南部的Svelvik测试潮流能全比例样机。

(三)海洋能示范项目

1. 海洋能试验场

Runde环境中心(REC)位于挪威西海岸伦德岛，可作为波浪能发电设备试验场。其中一条3千米海底电缆(500千瓦)可提供并网能力。2016年，新的深海数据集对外开放使用。Wave 4 power波浪能装置于2016年2月在REC进行测试。

2. 已运行项目

Havkraft AS 是一家波浪能发电研发公司。2015 年，在挪威松内湾测试了 Havkraft 波浪能装置(H-WEC)样机，共运行超过 4 500 小时，最大波况达 2 千瓦/米。目前在测试装置用于海上水产养殖等领域以及与海上风能的综合利用。

3. 计划布放的项目

Deep River 公司研发了一种移动式“即插即用”河流能/潮流能发电装置。2016 年测试了 250 千瓦装置样机，这种装置便于运输和扩展集成。

Flumill 公司研制的潮流能发电装置，于 2017 年在英国 EMEC 布放第一台并网示范机组(2 兆瓦)。

Andritz Hydro Hammerfest 公司成立于 1997 年，研发的 HS-1500 潮流能机组(1.5 兆瓦)，接近商业化应用，目前该公司与英国 Atlantis Resources 公司正合作开发 MeyGen 潮流能发电场。

十、韩国海洋能进展

目前，韩国海洋能重点发展产业化和技术示范。2016 年，新项目的启动推动了该产业发展。潮流能发电已经正式获得可再生能源证书(REC)制度支持，目前波浪能和温差能发电也被考虑纳入其中。

(一)海洋能政策

1. 国家战略

海洋和渔业部(MOF)与贸易、工业和能源部(MOTIE)联合制定发布的《中长期清洁海洋能发展规划(2015—2025)》，包括国家愿景、长期目标、发展战略以及新能源和可再生能源发展行动计划。该战略计划的主要目标是实施研发支持计划，促进海洋能分布式应用。

2. 管理框架

发布了《低碳和绿色增长框架法》和《促进新能源和可再生能源开发、利用和推广法》等关于可再生能源发展的管理文件。此外，还有《能源法》《海洋渔业发展框架法》《海洋环境管理法》等海洋能相关的管理文件。

《促进新能源和可再生能源开发、利用和推广法》规定，贸易、工业和能源部（MOTIE）对公共建筑执行可再生能源强制性应用。

3. 市场激励机制

可再生能源组合标准（RPS）始于2012年。根据规定，在2016年的总电力生产中，可再生能源发电要占到4%。可交易的可再生能源证（REC）是对RPS政策的补充激励措施。可再生能源证的价值取决于资源类型等因素，包括与海岸线间的距离、装机容量或安装方法等。例如，拦坝式潮汐电站是1.0，而开放式潮汐能和潮流能是2.0，波浪能和温差能的REC尚未确定。

4. 公共资金计划

海洋和渔业部（MOF）与贸易、工业和能源部（MOTIE）为可再生能源（包括海洋能）的研发及示范（RD&D）提供资金。MOF主要通过“实用型海洋能技术开发计划”进行支持，MOTIE通过“新能源和可再生能源技术开发计划”进行支持。

（二）海洋能研发项目

1. 10兆瓦级浮式海上波浪和风力互补发电系统

该项目由韩国政府以及海洋与渔业部（MOF）支持，总投资额为110万美元，项目为期3年（2013年6月至2016年5月）。项目组由KRISO和10所大学（8个国内大学和2个国际大学）、5个研究机构（4个国内研究机构和1个国际研究机构）和10个工业公司（8个国内工业公司和2个国际工业公司）组成。

2. 适用于偏远岛屿防波堤的波浪能转换装置

该项目旨在开发适用于偏远岛屿防波堤的能量存贮系统和波浪能转换装置，为期4年（2016年4月至2020年12月），由韩国政府和MOF联合支持。2016年开展了选址的基础调查工作以及适用于防波堤的小型WEC系统和独立微电网系统的概念设计。

（三）海洋能示范项目

1. 海洋能试验场

波浪能和潮流能试验场建设由MOF提供资金支持。波浪能试验场位于济州岛，于2016年5月开始建设，预计于2019年12月完成。韩国船舶与海洋工程研究所(KRISO)负责项目开发，该试验场具有5个泊位，装机容量达5兆瓦。300千瓦浮摆式波浪能装置，于2017年在第四个泊位进行测试。潮流能试验场于2016年年底开始建设，计划于2017年5月至2021年12月建造5个泊位，总装机容量达4.5兆瓦。

2. 已运行项目

(1) 500千瓦Yongsoo OWC波浪能电站。Yongsoo OWC电站于2016年7月建成，距济州岛离岸1.5千米，由两台250千瓦OWC式波浪能发电机组成，通过22.9千伏水下电缆并网，目前正在试运行。有数据分析表明，OWC气室、涡轮机和发电机的最大效率分别为52.7%、40.0%和91.7%。

(2) INWave岸基WEC发电站。INWave岸基WEC发电站由INGINE公司开发，电站装机容量135千瓦，由于无须铺设海底电缆，电站具有很好的经济可行性。该试验电站于2015年年底在济州岛首次安装且并网运行。

(3) SUPRC 20千瓦OTEC和200千瓦高温差(HOTEC)装置。目前，20千瓦OTEC装置和200千瓦高温差(HOTEC)装置在Goseong的海水利用研究中心(SUPRC)运行并进行性能测试。SUPRC 20千瓦OTEC装置在31℃温差下的循环效率达到2.1%，200千瓦HOTEC装置在75℃温差下循环效率达到7.7%。目前，KRISO正准备对200千瓦HOTEC装置进行示范。

(4) 悬臂式波浪能发电装置。在MOTIE资助下，Hwa Jin公司于2016年研制了30千瓦悬臂式波浪能发电装置，样机目前在Hupo-hang附近海域运行。

3. 计划布放的项目

(1) 主动控制式潮流能发电系统。KIOST和HDEC在2016年研制200千瓦浅海型潮流能装置，其水下平台部分已于2016年下水，水轮机安装在2017年完成，并于2017—2018年开展测试。

(2) 300千瓦浮摆式波浪能装置(FPWEC)。MOF于2012年支持KRISO研制300千瓦浮摆式波浪能装置，于2016年完成建造，计划于

2018 年在济州岛的波浪能测试中心进行海试(附图 4)。

附图 4　300 千瓦浮摆式波浪能装置

十一、新加坡海洋能进展

(一) DG-TISE

适用于偏远岛屿灵活分布式潮流能发电机(DG-TISE)项目由政府提供资金支持，旨在开发一种新型的传感和信号分析系统，提供潮流能资源测量方法，获取地理环境和潮流数据。

(二) 圣淘沙潮流能试验场

圣淘沙潮流能试验场是圣淘沙发展公司(SDC)和南洋理工大学能源研究所(ERI@ N)联合开发的项目，由贸易和工业部的“核心创新基金”资助，于 2013 年 11 月正式启动。

ERI@ N 潮流能涡轮机系统是通过新加坡南洋理工大学能源研究所联合 SCHOTTEL HYDRO、OceanPixel、Aquatera 公司等共同开发。目前已经部署了大比例样机。该项目是东南亚潮流能涡轮机部署先锋之一，东南亚沿海地区小规模能源开发的典范，对在印度尼西亚、越南、马来西亚、缅甸和菲律宾等地开展类似项目的起到带头作用。

十二、西班牙海洋能进展

(一) 海洋能研发项目

OPERA 项目。2016 年 2 月，由 TECNALIA 与爱丁堡大学、埃克塞特大学、科克大学、高等科技学院、OCEANTEC、EVE、BiMEP、

Global Maritime、Iberdrola、Kymaner 和 DNV－GL 等公司合作启动了 OPERA 项目，由欧盟委员会“H2020 计划”提供资金支持。旨在收集和共享在 BiMEP 测试的漂浮式 OWC 波能量转换器 2 年的运行数据。此外，OPERA 首次提出 4 项降低成本的创新举措，这将把技术等级从 TRL3-4 提升至 TRL5。4 项创新举措是高效的涡轮机、闭锁和预测控制、用于波浪能量的共享系泊系统(类似于降低水产养殖系泊成本的系泊系统)以及减少船体系泊连接处的峰值负载的弹性系泊链，从而提高波能装置的结构生存能力。

在 OCEANERA－NET 计划下，TECNALIA 研究院与西班牙(Zunibal、Ditrel 和 Basque 能源集团)、葡萄牙(WavEC)、爱尔兰(Smartbay)和英国(ORE Catapult)等合作伙伴共同组建联盟。RECODE 项目旨在通过开发一系列具有行业意义和成本效益的装置，应对海洋能源技术中常见挑战，促进海洋能源可持续发展。这些装置包括：安全监测和控制装置、波浪测量浮标、脐带缆监测装置和漂浮式波浪能转换装置水下电缆连接器。

2016 年年底，西班牙获得欧盟“H2020 计划”资金支持开展 MARINET2 项目，建设海洋可再生基础设施网。该项目于 2017 年年初启动，包含 7 个合作伙伴：BiMEP、CENER、CTC、EVE、IH Cantabria、PLOCAN 和 TECNALIA。

ICERMAR 项目由 TECNALIA 领导，Basque 政府提供资金，与 Basque 大学和 Basque 应用数学中心联合开展海洋可再生能源研究工作。2016 年开展的 6 个研究方向：①开发新型模具；②新型 PTO；③防腐蚀和防污材料；④系泊系统和电网连接；⑤性能评估；⑥环境影响。

ORPHEO 项目由西班牙政府部门提供资金，INGETEAM、ENEROCEAN、加的斯大学、马拉加大学和 PLOCAN 联合开发，旨在对风能和波浪能集成浮动平台进行分析。DESAL+项目从 INTERREG-MAC 计划获得资助，PLOCAN 将对海水淡化过程中波浪能的潜在用途进行分析。

过去几年，SENER 公司启动了两个项目：①开发和设计自有技术

(基于 OWC 原理)和主要设备(空气涡轮和止回阀)；②开发用于模拟、设计和计算波能转换器及发电场的软件，进而优化设备和阵列以及对每个项目成本(包括 LCOE)进行估算。

Rotary Wave 公司从 CDTI 获得 60 万欧元的资金用于研发“蝴蝶 WEC 装置”，利用波浪能获取电力和淡化水。Rotary Wave 首先在 ACoruña 大学波浪水槽验证 1∶13 比例样机，以获得技术等级 TRL4。

(二)海洋能示范项目

1. 海上试验场

(1)BiMEP 波浪能海上试验场。BiMEP 波浪能海上试验场由 EVE 和 IDAE 公司负责，自 2015 年 7 月正式投入运行。该试验场位于离毕尔巴鄂 20 千米处，离岸 1.7 千米，海域面积为 5.2 平方千米，有效工作水深为 50~90 米。该试验场有 4 个泊位，每个装机容量为 5 兆瓦，且并网连接。该实验场第一台波浪能转换装置已经与西班牙电网连接，其他一些非并网项目也正在进行。

(2)Mutriku 波浪能海上试验场。Mutriku 波浪能海上试验场是世界上首个多波浪能涡轮机试验场，与 Mutriku 防波堤相结合，具备 16 个气室和 16 套“Wells 涡轮机”装置，每个功率为 18.5 千瓦。该试验场于 2011 年 7 月并网连接。

(3)PLOCAN 海洋能试验场。PLOCAN 海洋能试验场位于西班牙加纳利群岛东岸，试验场延伸海域面积 23 平方千米，水深 600 米，离岸 7 千米，包含一个位于加纳利岛东北部的海上平台，水深 30 米，离岸 1.5 千米，于 2016 年 12 月部署完成(附图 5)。

该平台是个多功能基础设施，提供车间、实验室、教室、培训室和开放工作区域等。该试验场的水下电力基础设施仍处于设计阶段，在 2017 年第一季度实现并网连接。初期测试能力为 15 兆瓦，预计到 2020 年提高至 50 兆瓦。目前已有 3 个波浪能装置在该试验场进行了非并网测试(Wedge、Wello 和 Pipo 系统公司)。除此之外，西班牙 ES-TEYCO 公司还于 2017 年在该试验场部署一个 5 兆瓦的海上风力发电机。

附图 5　PLOCAN 海上平台

2. 已运行项目

Mutriku 波浪能海上试验场完成 5 年的连续运行，实现波浪能发电累计超过 1.3 亿千瓦时(附图 6)。

附图 6　Mutriku 波浪能电站

西班牙 Oceantec Energías Marinas 公司于 2016 年 10 月在 BiMEP 部署了第一台波能量转换装置，名为 MARMOK-A-5，直径 5 米，长 42 米，重 80 吨，采用点吸收式波浪能转换技术。动力系统包括两个空气涡轮机，额定容量为 30 千瓦。该涡轮机先前在 Mutriku 波浪能试验场进行了测试。MARMOK-A-5 装置已于 2016 年 12 月初并网发电。

UNDIGEN + 是由西班牙 WEDGE GLOBAL 科技公司与 SAES、CIEMAT 和 PLOCAN 合作开发，西班牙经济与竞争部门部分资助的示范项目，于 2017 年完成。该项目基于产业规模的 W1 系统，采用点吸收式波浪能转换技术。该系统已于2014—2016年在PLOCAN试验场实现不间断测试和发电。

水槽测试之后，Rotary Wave公司在位于西班牙巴伦西亚的Pobla de Farnals测试了其1∶4比例样机（“蝴蝶装置”），该装置设计功率为10千瓦，测试实际功率约7千瓦。该项目于2016年9月完成。

3. 计划布放项目

WIP10+项目：西班牙EnerOCEAN公司计划于2017年7月在PLOCAN安装一个浮式平台，包含海上风机和波浪能转换装置。

Rotary Wave公司在其1∶4比例样机测试完成之后，预计于2017年实现并网连接。

Galicia-based Magallanes Renovables公司计划于2017年2月在Vigo测试2兆瓦潮流能样机。

十三、英国海洋能进展

2016年，英国波浪能、潮流能和潮汐能在国际上均取得了重大进展，政策和管理环境也不断优化。预计到2050年，波浪能和潮流能将对英国的电力供应产生重大影响。

波浪能：过去的几年，英国波浪能领域一直在重新调整和参与有针对性的研发项目，促进设计和产业化融合。苏格兰波浪能计划（WES）获得政府1 500万欧元的资金支持，以发展51个波浪能创新项目。

潮流能：2016年，英国的潮流能产业化进程发展迅速，布放了两个阵列规模的涡轮机组。

潮汐能：2016年，英国政府审查了关于潮汐潟湖政策报告，最终报告于2017年1月发布，支持潮汐潟湖项目开发。斯旺西湾潮汐潟湖电站项目审批流程还在推进当中，计划于2018年开始建设。

（一）海洋能政策

1. 国家战略

2016年由于政府部门重组，能源与气候变化部（DECC）被纳入新成立的“商业，能源和产业战略”（BEIS）部门。尽管相关权利已经下放给苏格兰、威尔士和北爱尔兰政府，但是 BEIS 保留对英国能源政策的全部职责。

2. 管理框架

2016 年，以前由 DECC 承担的责任交由 BEIS 负责，并且向苏格兰、威尔士和北爱尔兰政府下放权力。值得关注的是，皇家财产局、英国和苏格兰政府正在努力将皇家财产局的管理职责转交苏格兰政府，并反映在"2016 年苏格兰法案"中。法案征求意见持续到 2017 年上半年。

3. 公共资金计划

英国研究理事会下属的能源计划为包括海洋技术在内提供广泛的资金支持，包括项目研发和培训等。

创新英国(INNOVATE UK)为非政府组织，致力于发现和推动科技创新，促进英国经济增长。

波浪能苏格兰(WEC)由苏格兰政府全额资助，开展波浪能创新技术研究，降低技术和商业风险，带动私人投资。

(二)海洋能示范项目

1. 海洋能试验场

EMEC 是公认的一流海洋能试验场，拥有 14 个全比例装置并网测试泊位，EMEC 还建有两个缩尺比试验场。目前有多个国际波浪能和潮流能研发机构在场测试。2016 年，有 17 家公司在该试验场测试了 27 台海洋能装置。

WAVE HUB 波浪能并网试验场，距离康沃尔北海岸大约 16 千米，主要用于测试大型海洋能装备。该试验场持有 25 年期 8 平方千米海底租赁权，建有 4 个泊位。WAVE HUB 由英国政府商业、创新和技能部(BIS)所有，WAVE HUB 公司代其管理。2016 年年底，卡内基清洁能源公司(Carnegie Clean Energy)计划在 Wave HUB 布放 6 台 WEC 机组阵列，总装机容量 15 兆瓦。

2. 已运行项目

2016 年，MeyGen 项目取得重大进展。于 2017 年阵列装机容量达 6 兆瓦，完成 1A 阶段建设。截至 2017 年 3 月，MeyGen 累计发电量已达 400 兆瓦时。

Nova 创新公司 2016 年在苏格兰设得兰群岛沿岸安装并运行了两台涡轮机(2×100 千瓦)，已经并网发电。获得“H2020 计划”项目资金后，第三台涡轮机于 2017 年年初布放。

十四、美国海洋能进展

美国 50%以上的人口生活在距离海岸线 80 千米以内区域，海洋和水动力(MHK)技术很有潜力为其提供可再生能源发电，特别是在电力成本高的地区。美国海洋和水动力资源评估认为，海洋能资源技术开发量可达 1 250~1 850 太瓦时/年。而 1 太瓦时电量就能满足大约 9 万户家庭的年用电需求。2016 年，美国海洋能领域取得了重要进展，包括宣布建设全比例国家波浪能并网测试场，通过波浪能奖，实现了波浪能技术发电效率的显著提升，使得多个海洋能技术的成熟度得到提升。

(一)海洋能政策

1. 国家战略

2016 年，美国能源部(DOE)水能技术办公室的海洋和水动力(MHK)计划起草了国家海洋和水动力战略，提出 MHK 产业发展为全国可再生能源重要部分的战略目标，到 2030 年，波浪能技术均化发电成本相比 2015 年下降 80%，达到 0.84 美元/千瓦时；潮流能技术均化发电成本相比 2015 年下降 80%，达到 0.58 美元/千瓦时(附图 7)。

2015—2020 年，积极开展海洋和水动力技术创新和示范。

2020—2025 年，开展阵列化技术创新和示范。

2025—2030 年，通过支持长期阵列示范，验证海洋和水动力技术的商业可行性。

2. 市场激励机制

“联邦生产税收减免”(PTC)和“企业能源投资税收减免”(ITC)为 MHK 技术提供了相关激励政策。例如，按照 PTC 第 45 款，150 千瓦以上的 MHK 技术每千瓦时可享受 1.2 美分的免税。2017 年 1 月之前启动的 MHK 设施建设可以选择适用 ITC 第 48 款，其免税额可达基本

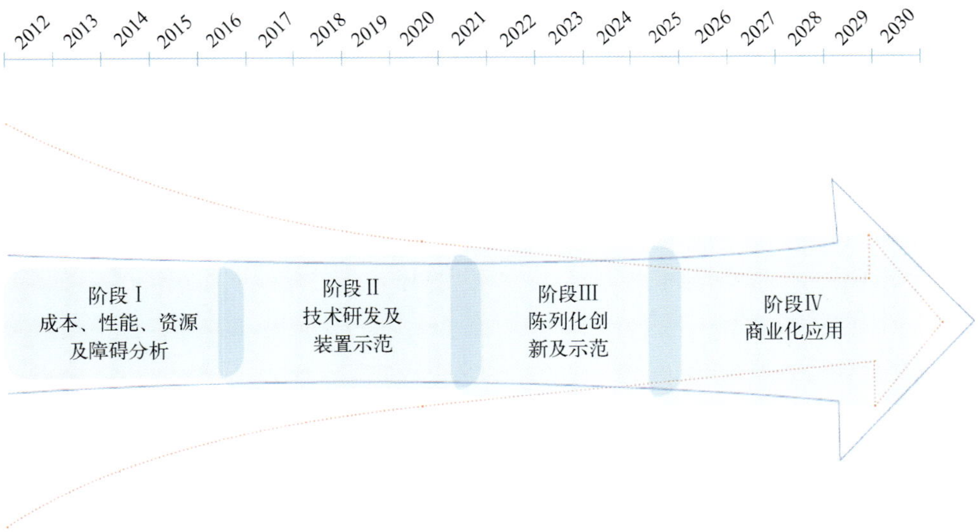

附图 7　美国海洋能技术研发及示范路线

建设费用的 30%。

波浪能奖：2016 年 11 月，Aqua Harmonics 公司成为该奖的最终获得者，其波浪能技术发电效率提升了 5 倍，最终获得 150 万美元的奖金。CalWave Power Technologies 公司和 Waveswing America 公司分别获得 50 万美元和 25 万美元的奖金。

3. 公共资金计划

能源部水能技术办公室海洋和水动力计划：2016 年，MHK 研发及示范预算为 4 430 万美元，相比 2015 年增长 7%。2016 年 8 月，向 10 个研发机构投入 2 000 万美元，开展 MHK 研发及示范；2016 年 12 月，4 000 万美元(包括私人投资)经审批后将用在俄勒冈建设 NNMREC 波浪能试验场。

海军部：海军设备工程与远征作战中心(NAVFAC EXWC)继续支持可再生能源技术研发。2016 财年，投入 1 200 万美元支持波浪能、潮流能、潮汐能装备研发及测试。

(二)海洋能示范项目

1. 海洋能试验场

(1)海军波浪能试验场(WETS)。美国海军设施工程司令部在夏威夷海军陆战队基地建有一个波浪能试验场，可支持单点、双点及三点锚系式 OWC 波浪能装置的海上测试。在 30 米、60 米和 80 米深海域各建有并网试验泊位，于 2015 年建成，可为 100 千瓦至 1 兆瓦波浪能装置提供测试服务。

(2)国家海洋可再生能源中心(NMRECs)。2015 年，WPP 计划继续支持 NMRECs 能力建设。包括西北国家海洋可再生能源中心(NNMREC)、东南国家海洋可再生能源中心(SNMREC)、夏威夷国家海洋可再生能源中心(HINMREC)。

(3)太平洋海洋能中心(PMEC)波浪能与河流能试验场。PMEC 隶属于 NNMREC，有两个业务化运行的波浪能试验场——北部能源试验场(NETS)和华盛顿湖试验场。NETS 位于俄勒冈州，建有移动式海洋监测试验浮标，可进行 100 千瓦波浪能装置的单机测试；华盛顿湖试验场主要开展小比例样机测试。阿拉斯加 Fairbanks 大学塔纳诺河河流能试验场可提供 10 千瓦涡轮机组测试。

(4)PMEC 南部能源试验场(SETS)与加利福尼亚波浪能试验中心(CalWave)波浪能试验场(仍在建设中)。2016 年，NNMREC 和加州理工大学仍在开展这两个试验场的设计论证工作。2016 年年底，SETS 获得 4 000 万美元资助，即将开始建设。

(5)东南国家海洋可再生能源中心(SNMREC)——洋流能试验场。目前岸上安装了 25 千瓦功率计，用户可在海上利用 25 千瓦水平轴涡轮机开展拖曳测试和部件测试，并建有一个水下转子测试平台，正在建设并网泊位。

(6)夏威夷国家海洋可再生能源中心(HINMREC)——波浪能与海洋温差能试验场。HINMREC 为海军 WETS 运行提供支持，可提供波浪能装置性能第三方评估，还可监测声场和电磁场变化，研究波浪能装置的环境影响。

2. 已运行项目

Fred Olsen 公司：2016 年 3 月 26 日，BOLT Lifesaver 波浪能装置在 WETS 布放测试，该装置可自治运行，通过位于挪威奥斯陆的总部进行远程监控。在 2016 年运行的 280 天中，有 218 天发电记录，平均发电功率 3.4 千瓦，并有 165 天连续发电记录。

3. 计划布放的项目

西北能源创新公司(NWEI)：2015年6月，Azura 1/2 比例波浪能样机在海军波浪能试验场的30米测试泊位处开展为期19个月的测试。NWEI公司将设计、制造、测试全比例装置，并示范其商业化可行性。

海洋能源(OE)美国公司：OWC式波浪能发电浮标经过在爱尔兰戈尔韦湾为期3年的多次缩尺比样机试验，于2017年开始在WETS开展全比例样机测试，收集基线性能数据，从而进一步降低OWC式波浪能装置发电成本。

哥伦比亚电力技术公司(CPT)：将于2018年在WETS测试其全比例样机StingRAY的性能和效率。

(三)其他相关活动

2016年12月，波浪能奖经过18个月的设计—制造—测试，最终有9个团队完成了竞赛，来自俄勒冈州的Aqua Harmonics公司成为该奖的最终获得者。

2016年3月，水能技术办公室在华盛顿召开了海洋和水动力研发峰会，共有75名执委会成员参加。

2016年4月25—27日，在华盛顿举办了水能周，同期举办了国际海洋能源会议(IMREC)和海洋能源技术研讨会。

2016年11月，海洋能源管理局(BOEM)在加州大学主办了加利福尼亚海洋可再生能源会议(COREC)。